〈美容と健康のための〉

植物オイル・ハンドブック

Les huiles végétales, huiles de santé et de beauté.

シャンタル＆リオネル・クレルジョウ 著

前原ドミニック 翻訳

東京堂出版

本書を利用する前に必ず読んでください

本書で紹介している植物油と精油の活用法や植物療法は、医療の代わりになるものではありません。体質や体調、利用法などによっては、健康を損ねる可能性もありますので、必要に応じて医療従事者に相談することをおすすめします。本書の著者ならびに出版社は、この本を利用して生じた一切の損傷、負傷、そのほかについての責任は負いかねます。

・フランスでは精油を肌につける処方も行いますが、日本でのセルフケアの範囲では必ず植物油等で基剤に対して１％濃度に希釈して用いてください。

・フランスでは精油が口に入る処方も行いますが、日本でセルフケアの範囲では、行うべきではありません。

Les huiles végétales
Huiles de santé et de beauté
NOUVELLE EDITION
by
Chantal & Lionel Clergeaud

Les huiles végétales, huiles de santé et de beauté.

＜美容と健康のための＞

植物オイル・ハンドブック

Table des matières

第４章　植物油を日常的に摂取するには

第５章　植物油の購入ガイド

第8章 植物油（解説と成分構成、作用・特性、適応症、美容利用）

第9章 料理のレシピ

編集者の序文

医学は病そのものだけではなく、人間の健康を総合的に支えるための学問です。病から人間を回復させる術であるとともに、予防する術でもあるのです。そのため、医者には患者に対する献身的でこまやかな気遣いがもとめられます。治療法を決めるにあたっては、化学合成による逆症療法（病の根源ではなく、症状に対処する療法）と同じように、さまざまな代替療法を利用すべきです。代替療法としてあげられるのは、薬用植物療法、アロマセラピー、ホメオパシー、オリゴセラピー、食事療法（栄養バランス・食生活の見直し）、水療法と蜂蜜利用、クレイテラピー、フラワーエッセンス等です。また、医者は生活習慣の見直し、瞑想、ヨガ、指圧、リフレクソロジー、鍼術あるいはエネルギー・マッサージなどを薦めるでしょう。健康とは壊れやすいバランスが保たれている状態であり、誠実な医者は病んでいる人に対して、このバランスを取り戻すために、あらゆる手段を用いて柔軟に対処します。人間は、肉体と心と精神が１つとなって生きている存在です。そのバランスを保つことで、安らぎを得ることができるのです。つまり、患者の肉体と心と精神のうち１つの側面だけしか見ない医者は、自らが病を完治させることができると思いこんではならないのです。

本書のシリーズは患者や医療現場にたずさわる人たちに対して、人間の作るものではなく自然が私たちに授けるものに目や心を向ける術を提案しています。しかし、本書ではすべての面において、自然なものと合成されたものを対峙させる意図があるわけではありません。また人間の健康について、代替医療の効用のすべてを拒絶するのは馬鹿げたことであると思います。と同時に、合成化学がもたらすものをすべて否定することもおかしいと思います。これらの選択肢は必ずしも互いにぶつかりあうのではなく、交換したり、また相互に補完しあったりすることが可能なのです。自らの健康を管理するということは最も重要なことであり、すべての人に関係する課題です。物質的なものだけではなく、豊かなエネルギーや秘められたメッセージも、自然の恵みなのです。この恵みに目を向けることはすばらしいことです。

ドミニク・ボードゥ

著者の序文

植物油は人類が誕生したころから、豊饒さ、純粋性、そしてひかりの象徴でした。すべての文明、そしてすべての宗教で使用され、今、私たちの日常生活のいたるところで使われています。たとえば、照明（オイルランプ、終夜灯など）、健康（マッサージや創傷）、美容、家具の保守などです。また、キリスト教では生まれて間もないころの洗礼用の香油から、人生の終焉時の終油まで、私たちの信仰生活にとって身近なものとして用いられています。種子に秘められた太陽のひかりとエネルギーの濃縮物である植物油は、信仰生活においてこのように特権的地位を占めており、その地位は今世紀はじめまで保たれてきました。また、このような植物油の力を尊重するために、植物油は伝統的手法（圧搾機と石臼）により丹念に作られてきたのです。

今日では、大手食品メーカーがありふれた“脂肪液体製品”を製造しています。栄養的な価値は何もなく、作用・効用面でもなんら意義がありません。多くの有害な化学処理（本書のなかで詳述）の「おかげで」栄養分がなくなり、カロリーしかふくまれていないのです。収益性を口実に量を優先したために、品質が犠牲になり、結果として無色、無臭そして無味の植物油になってしまっています（高品質な植物油はなめらかで、おいしく、フルーティで、光沢があって、黄金色です。口にふくむと元の果実のイメージが浮かびます）。完全に変性し、まったく別物ともいえる植物油（および、そのほかの多くの食品）を、90％以上の何も知らない多くの消費者が利用していることは、非常に残念です。

植物油が食品・健康・美容の分野でその効能を完全に発揮するには、完璧な品質が求められます。すなわち有機農法によって栽培された成熟したばかりの種子を原料として、非精製で冷温一番搾りされたものでなくてはなりません。今こそ、この貴重な食品の品質を再発見し、植物油に“高貴なもの”という称号を再び与えるべきです。そのために食品､健康または美容面において、さまざまな植物油が持つ力を明らかにしていきたいと思います。

本書に載せたさまざまなレシピやアドバイスを参考にして、ヴァージンオイルが皆様のキッチンの一番大事な場所に置かれ、なくてはならないものとなったら、本書の目的は達成されたといえるでしょう。

Chapitre 1

第1章

Les huiles végétales et la santé

植物油と健康

冷温一番搾りで得たオーガニックでまじりけのない食物油は、古代の医者たちのあいだでは正真正銘の薬としてあつかわれてきました。なぜならこれらの食物油は化学加工処理によって変質していないので、貴重な必須脂肪酸などの生きるために必須な要素、さらには真の天然ホルモン様物質でありプロスタグランジンの生成に役立つ脂肪酸を私たちに与えてくれるからです。

植物油は必須脂肪酸の宝庫！

通常はビタミンの１つに分類されるビタミンＦ（必須脂肪酸）は、ポリ不飽和脂肪酸（AGPI）の一種で、リノール酸やリノレン酸、アラキドン酸などが代表的です。発見当初はビタミンに分類されていましたが、特殊なビタミンというより、むしろ１つのビタミン様物質としてとらえられるようになりました。

ビタミンＦ（必須脂肪酸）はビタミン療法の文献ではあつかわれません。理由としては、たとえばビタミンＡの１日当たりの必要量はおよそ１mgですが、人体が必要としているこのビタミンＦ（必須脂肪酸）の必要量が１日当たり 12 ～ 25g と多いため、ビタミンとしてはとらえられないと考えられるからです。**つまり、ビタミンＦ（必須脂肪酸）を多く含んでいる食物油は単なる調味料ではなく、かけがえのない栄養源ととらえるべきなのです。**

ポリ不飽和脂肪酸（AGPI）は触媒のようにふるまい、人体による脂溶性ビタミンやビタミン様物質（A、B_4、D、E、K、I、J 等）の利用を増進させます。人の体内ではこのポリ不飽和脂肪酸を合成することができないので、不足することがないように消費する分と同量を食品から摂取する必要があるのです。これらの脂肪酸を最大限活用するには、オーガニックで、熱を加えない冷温（40 度未満）一番搾りの植物油を選ぶ必要があります。

人体にとって非常に重要な必須脂肪酸の特性は次の通りです。

・細胞膜の形成成分の１つとなる
・心臓に有害な脂肪の代謝を調節する
・コレステロール数値を下げ、組織の再生をうながす
・血栓症のリスクを下げる
・心臓血管疾患を予防する
・体温を調整する
・外部汚染（環境、有毒物質、医薬品等）に対して生体防御機構を刺激する
・寿命が非常に短い分子だが、健康にとって特に重要なプロスタグランジンを形成する
・生殖に関係し、胎児が正常に発育するよう母体を助ける
・肌のひび割れ、乾燥、あかぎれに対して最良の表皮保護体となる

必須脂肪酸の細胞膜レベルにおける基本的な役割は、人間にとって欠かせないものです。中枢神経系と脳の成長を助け（脳については、ポリ不飽和脂肪酸の割合が高い脂質または脂肪が構成成分全体の60％を占めていることを忘れてはなりません）、また腸管粘膜の不透過性を保つ役割があります。変性疾患の大部分は、この腸管粘膜の不透過性が低くなってしまうことが原因です。初期段階では内生微生物毒素が腸管壁の免疫適格組織（ペイヤー・プレート）に入り、その後、肝臓まで移動します。結果的には、体全体の免疫系に混乱が生じ、多くのトラブルが発生してしまいます。つまり、ポリ不飽和脂肪酸を多くふくんだ一番搾りの植物油を私たちの食事に取り入れることは、きわめて重要なのです。

必須脂肪酸が不足すると次のような特徴的な症状が出てきます。

・成人では皮膚が乾燥する。まず最初に下肢が乾燥し、その後、全身が乾燥する。肌が荒れ、ひび割れが生じて、通常よりも早く老化する。怪我をした場合、治るのが非常に遅くなる

・関節炎やそのほかの炎症
・唾液腺の機能不全と涙小管の乾燥
・心臓血管と神経系のトラブル
・免疫障害（特に多発性硬化症の発症）
・インポテンツ
・月経前症候群（PMS）
・小児では鎮めることがほとんどできないくらいの異常なのどの渇きがある。喘息、湿疹、風邪の繰り返し、副鼻腔炎、蕁麻疹など、一連の比較的重い疾患にかかる

脂肪酸

植物油はほかのすべての脂肪物質と同じく、炭素、水素そして酸素から成りたっています。脂肪酸とグリセリンが合わさった化合物（エステル）であり、単純脂質に属します。グリセリンは次の化学式のように三価アルコールです。

$$C_3H_5(OH)_3$$

三価アルコール（トリオール）はモノグリセリド、ジグリセリドまたはトリグリセリドを形成するために１つ、２つあるいは３つの脂肪酸を固定させます。これらの形成物は私たちが常々摂取している大部分の脂質なのです。この反応には水の放出がともない、脂肪酸は飽和するかあるいは不飽和となります。単純脂質の一般的な化学式は $C_nH_{2n}O_2$（n は常に偶数で 4 から 24）です。

しかし、植物油の性質はおもに飽和脂肪酸（AGS）と不飽和脂肪酸（AGI）の割合に左右されます。

1. 飽和脂肪酸

それぞれの炭素原子は前と後の炭素、および2つの水素原子と結合します。飽和脂肪酸は消化されにくく、また心臓血管系にとって有害ですが、腸管の潤滑化には重要です。

2. 不飽和脂肪酸

不飽和脂肪酸は、一価なら1つの水素原子を、二価なら2つ、三価なら3つ、四価ならそれ以上の水素原子を固定できることが特徴です。化学式(次ページ)で見てみると、1つまたは複数の二重結合を持っていることがわかります。この二重結合の存在が、人の体内における不飽和脂肪酸の重要性を高め、またほかの物質との反応性を高めているのです。

前述したように、細胞構築やエネルギーの供給と輸送、さらには心臓血管系の保護において不飽和脂肪酸は最も大事な役割を演じています。不飽和脂肪酸は血液中のコレステロールの溶解を助長するのです。つまり、血中コレステロール値を調整し、脈管網の脂質詰まりを避ける役割があります。

コレステロールは次のように人間の体内で大切な働きをしているので、コレステロール値を調節することは非常に重要になります。

＜コレステロールの役割＞

・脂肪物質と結びつき、細胞レベルでの脂肪物質の運搬と配給を可能にする
・臓器を塞いでいる毒素を排出させる、有効な抗毒素である
・一部のホルモン分泌を助長する

しかしコレステロールが過剰な場合は、飽和脂肪酸と結びついて、アテローム性のプラーク(隆起)となって血管の内壁に堆積し、健康を脅かすのです。

飽和脂肪酸（AGS）

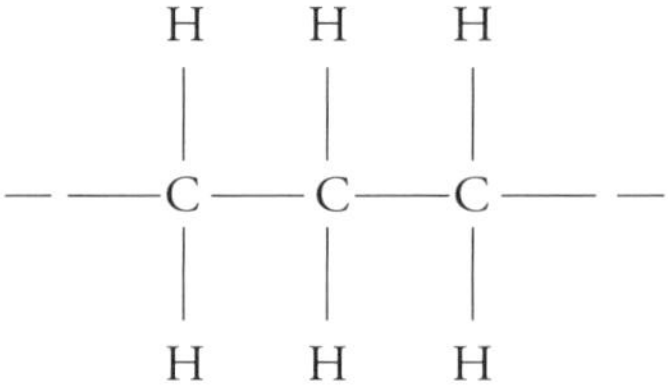

不飽和脂肪酸（AGI）

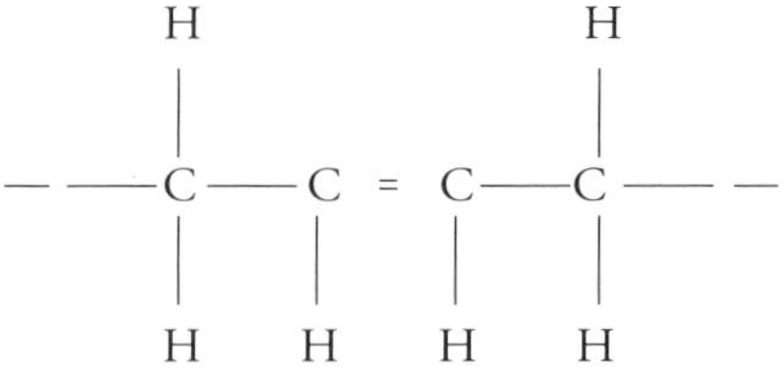

《シス》型と《トランス》型

ここまで、不飽和脂肪酸は私たちの体の機能的なバランスを保つ上で必須であることを述べてきました。しかし、不飽和脂肪酸であれば何でもよいというわけではありません。ヴァージンオイルがもたらす不飽和脂肪酸と、非ヴァージンオイルがもたらす不飽和脂肪酸は同じではないのです。精製植物油に熱を加えたりほかのさまざまな加工を施すと、《トランス》型不飽和脂肪酸が生成されますが、冷温一番搾りの植物油は《シス》型不飽和脂肪酸です。この事実は非常に重要なことです。なぜならこのテーマについて実施した分析や実験の結果、私たちの体は《トランス》型不飽和脂肪酸を飽和脂肪酸と同一視してしまう危険があることがわかったからです（22ページ『「超プロスタグランジン」PGE1の重要性』にて詳述）。

《シス》型

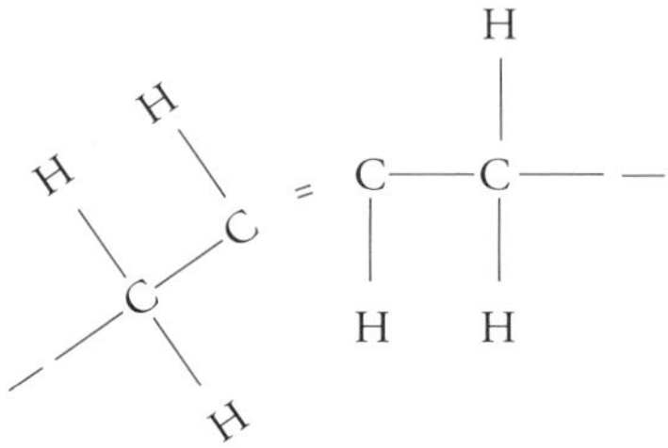

《トランス》型

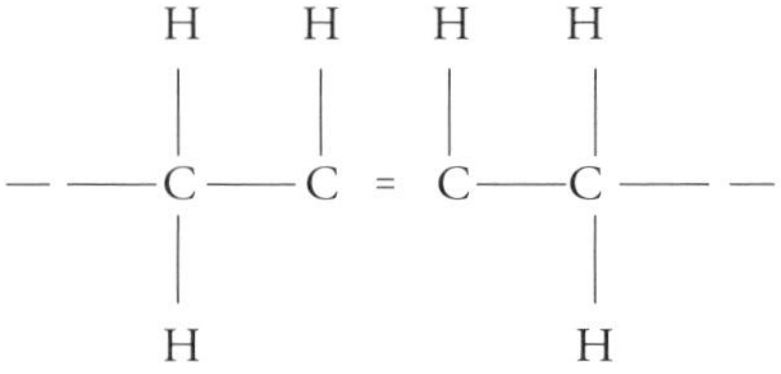

「オメガ‐6」「オメガ‐3」とは？

不飽和脂肪酸と飽和脂肪酸のちがいを理解するのはたやすいとしても、マスコミでよく取り上げられている不飽和脂肪酸の２つの系統であるオメガ‐6とオメガ‐3の問題はそれほど簡単ではありません。

オメガ‐6の一番先頭には前駆体であるリノール酸が、オメガ‐3の一番先頭には前駆体であるα‐リノレン酸がついています。リノール酸またはα‐リノレン酸が代謝反応するときに、新たな必須脂肪酸が生成されます。しかし、一部の脂肪物質には本章（18ページ『食生活の問題』）でも言及しているように、代謝反応以外から生成されるオメガ‐6やオメガ‐3がふくまれていることに留意する必要があります。

リノール酸とα‐リノレン酸は私たちの体内では生成することができないので、必然的に普段の食事から摂取する必要がでてきます。オメガ‐6とオメガ‐3の含有割合が明確な不飽和脂肪酸を、脂質の１日の必要摂取量中に25～30％ふくむように気をつけるべきです。

しかし、不幸なことに現在の私たちの栄養摂取ではこれらの需要をカバーできず、オメガ‐3が欠乏しているように思われます。そのため心臓血管、炎症性末梢神経の乱れや血管障害など一部の疾患を避けることができずにいるのです。オメガに関して以下に説明しますが、この記述内容は高品質の非精製植物油のみを対象としていることを心に留めておいてください。

オメガ‐6の代謝

オメガ‐6の前駆体であるリノール酸は細胞膜の構成物でもあります。さまざまな酵素の働きによって、リノール酸はオメガ‐6系に属する新たな必須脂肪酸を生成します。一部の植物油（ボリジ油、イブニングプリムローズ油、へンプシード油、ブラックカラントシード油）は、リノール酸のほかに γ-リノレン酸などの同じ系統のそのほかの脂肪酸を含んでいます。これによって、部分的にはデルタ6デサチュラーゼ（酵素の一種）を使わなくてすむため、代謝系の負担軽減につながるのです。しかしこれらの植物油ではオメガ-3が足りません。

オメガ-3の代謝

オメガ-3の系列の先頭にある α-リノレン酸も、同系の飽和脂肪酸を生成するためにデルタ6デサチュラーゼに頼っています。オメガ-3は体内で、タイプ1のプロスタグランジン（PGE1）と同様の作用をもつタイプ3のプロスタグランジン（PGE3）に変わります。

オメガ-6の物質代謝

リノール酸
｜
デルタ6デサチュラーゼ酵素の働き
↓
γ-リノレン酸
｜
伸長酵素の働き
↓
ジホモ-γ-リノレン酸 → **プロスタグランジン（PGE1）**
｜
デルタ5デサチュラーゼ酵素の働き
↓
アラキドン酸
↓
プロスタグランジン（PGE2）

オメガ-3の物質代謝

α-リノレン酸
｜
デルタ6デサチュラーゼ酵素の働き
↓
ステアリンドン酸
↓
エイコサペンタエン酸（EPA）
↓
プロスタグランジン（PGE3）

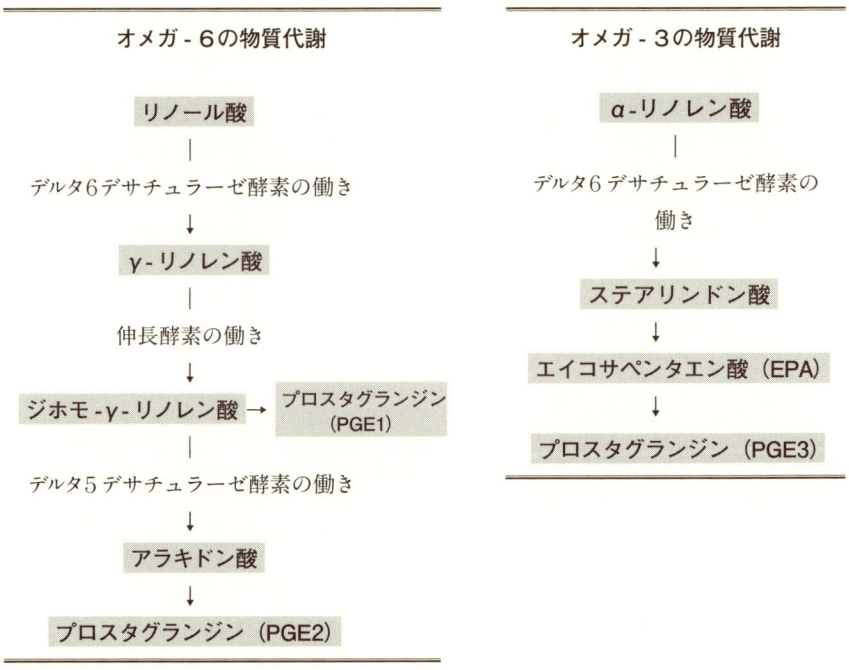

デルタ6デサチュラーゼ：非常に選択性の高い酵素

デルタ6デザチュラーゼ酵素には、α‐リノレン酸（オメガ‐3系統）ではなくリノール酸（オメガ‐6系統）を優先的に代謝させるという特殊な性質があります。たとえば、ケシ油、ウィートジャーム油、サフラワー油など、高い割合でオメガ‐6がふくまれている植物油を摂取すると、オメガ‐3よりも先に代謝されます。その後、オメガ‐3がデルタ6デサチュラーゼの残存酵素力によって代謝されるので、α‐リノレン酸から少量のステアリドン酸しか生じず、EPAやDHAの不均衡が助長されます。つまり、この不均衡の原因はγ‐リノレン酸の過剰ではなく、ステアリドン酸の欠乏なのです。

デルタ6デサチュラーゼの分泌は加齢とともに減り、さらに長い間繰り返されるストレスがあると、分泌に障害が発生します。この場合、γ‐リノレン酸（オメガ‐6系統）を多くふくむ植物油、たとえばボリジ油を、オメガ‐3をふくむ魚の油よりも優先的に利用するようにします。

オメガ‐6とオメガ‐3の特性

不飽和脂肪酸は体内に吸収されると酵素の作用により代謝し、新たな脂肪酸が生成されます。この脂肪酸の人体に対する作用はきわめて重要です。

オメガ‐6は器官組織レベルでそのおおもとに働きかける役割をもち、細胞膜の形成に関わって細胞膜の透過度を調節します。また、中枢神経系の細胞膜構成に必須であるほか、血管やその膨張、血液とその流動性、そしてそれらを抑える役割をもつ動脈圧に作用します。一方で、一部のオメガ‐6はリウマチ様関節炎、喘息、乾癬（かんせん）、血小板凝集、アレルギーなどの炎症性プロセスを助長します。

オメガ‐3の強さはオメガ‐6には劣りますが、役割は重要です。なぜならオメガ‐6を大量に摂取した際に起こるさまざまな過剰と不均衡を抑えるからです。オメガ‐3の作用は次の通りです

・炎症性プロセスを抑える

・一部の神経系トラブルを調節
・血液系へ作用
オメガ - 3は動脈硬化症を起こりにくくさせ、血中の脂質・トリグリセリド・血中コレステロール、それぞれの濃度を低下させる作用があります（特にHDLとVLDLコレステロール）。オメガ - 3は血圧、血液の粘性および血小板の凝集を調節するほか、抗炎症作用があり、血小板硬化症などの一部の変性疾患、および乳がんなど一部のがんに作用すると思われます。

食生活の問題

むかしの食生活は今日に比べて、ウォールナッツなどの植物油やドライフルーツを豊富に取り入れていて、オメガ - 6とオメガ - 3の均衡がとれていました。そして植物油も精製されていないためバランスに優れ、酵素能力は汚染やストレスあるいは過剰な飽和脂肪などによって劣化していませんでした。

20世紀初頭から食生活が変化して、むかしの食生活のようなバランスが保たれた状態はなくなりました。サンフラワー油などの新しい植物油でとりわけ精製されているものが出現して、普及油となったのです。サンフラワー油は不幸にも、α - リノレン酸（すなわち、オメガ - 3）の含有量が非常に少ない油です。

表中のオメガ - 6／オメガ - 3比が示すように、サンフラワー油に関してはオメガ - 6の62に対してオメガ - 3が微量で、完全に不均衡です。少なくともオメガ - 6／オメガ - 3比が5：1近くの値であるべきです。この割合を満たしていないそのほかの植物油を使用すべきではないということではありません。なぜならすべての不飽和脂肪酸は必須なのです。飽和脂肪酸も同様ですが、均衡がとれていなくてはなりません。

オメガ - 6とオメガ - 3だけがさまざまな作用を有する脂肪酸ではありません。ほかの脂肪酸も必要であり、複数の作用が結びつくことが私たちの健康にとって大事なのです。

精製油は飽和脂肪酸に似た特性を持つ（加工処理で変性した）不飽和脂肪酸をふくんでいます。ここで考えなくてはいけないことは、このような精製油はできる限り遠ざけるべきということです。

植物油にふくまれるオメガ－6とオメガ－3（平均値・%）

油名		オメガ－6	オメガ－3
バランスがとれている油	アボカド油	13	2
	レイプシード油	24	10
	ヘンプシード油	56.8 ＋３（γ-リノール酸）	16.7 +0.4（ステアリンドン酸）
	ウィートジャーム油	53	7
	ウォールナッツ油	55	13
	ケシ油	65	2.5
	ブラックカラント油	44 +15（γ-リノール酸）	13 +3（ステアリンドン酸）
	チリ産ローズヒップ油	41	39
	ソヤ油	50	7
オメガ－3が多い油	シーバックソーン油（コンプリート油）	13.2	14.8
	カメリーナ油	15	40
	インカインチ油	36.8	48.6
	フラックスシード油	20	51
	ペリラ油	13	65
	シシンブリウム油	16	36

	油名	オメガ - 6	オメガ - 3
オメガ - 3が少ない油	スィートアーモンド油	16	0.5
	ピーナッツ油	20 + 3（γ - リノール酸）	1 1
	サフラワー油	72	0.5
	マカダミアナッツ油	5	0.5
	オリーブ油	7 +2（γ - リノール酸）	0.7 1
	パンプキンシード油	45	0.5
	グレープシード油	68	微量
	セサミ油	43	
	サンフラワー油	62	微量
	アルガン油	37	微量
	ボリジ油	36 +22（γ - リノール酸）	微量
	マヌカ油	37	微量
	コーン油	40	微量
	ブラッククミンシード油	55	微量
	ヘーゼルナッツ油	6	微量
	イブニングプリムローズ油	71 +10（γ - リノール酸）	微量

プロスタグランジンにもよし悪しがある？

プロスタグランジンはスウェーデン人研究者フォン・オイラーによって精液中から発見されました。彼はこれが前立腺由来であると考え、プロスタグランジン（Prostaglandin）と名付けました。しかし、それはまちがいで、この物質は不思議なことに、人体のさまざまな組織や器官に存在していることがのちに判明したのです。興味深いことに、このプロスタグランジンはしばしばホルモンのようにとらえられます。人体細胞のすべての働き、つまり私たちの体全体の活動をコントロールしているのです。

しかし、すべてのプロスタグランジンがよいわけではなく、人体に有害なものもあると思われます。たとえば、重要なプロスタグランジンとして、タイプ１のプロスタグランジン（PGE1）とタイプ２のプロスタグランジン（PGE2）があります。一般的に炎症プロセスにかかわるとの理由でPGE2は避けるべきプロスタグランジンの１つです。それに対して、PGE1は超プロスタグランジンと呼ばれ、その作用範囲の広さはまさにマルチ・レベルのオーケストラの指揮者のようで、さまざまな細胞系や膜交換を調節します。PGE1なしでは、代謝機能や生理学的機能は働かないのです。つまり、高級植物油を摂取してこの超プロスタグランジンの前駆体である必須脂肪酸を体内の器官に供給すれば、私たちの身体のバランスを保つことができるのです。この超プロスタグランジンの寿命は非常に短いため、つねに刷新させる必要があります。さまざまな器官、症状などに対するプロスタグランジンの働きは以下の通りです。

神経系：神経伝達物質やそのポストシナプス作用を制御しながら、病気の進行を鎮めたり、神経レベルでインパルス（神経線維のなかで伝達される活動電位）の伝達を完全に司っている。

脳血管系：過剰コレステロール値を下げ、高血圧を抑制し、血栓症（結石をともなう血小板の凝集）を防ぎます。また、すべての血管の膨張を助け、赤血球値を平常値に戻し、特に赤血球の活動を増進させます。

免疫系：リンパ球の機能不全は自己免疫疾患の原因となりますが、プロスタグランジンはリンパ球を活性化させます。リンパ球が骨髄から胸腺に移り成熟するとＴリンパ球（T細胞）となり、Ｔリンパ球は免疫系の構成物質全体を監視し、体外の危険から守るための生体防御を働かせます。Ｔリンパ球率が低下すると免疫防御に混乱が生じ、正常組織が攻撃されます。タイプ１のプロスタグランジン（PGE1）は胸腺ホルモンの生成をうながし、酸塩基のバランスを保ちます。

皮膚上：皮脂細胞の働きを調節しながら、湿疹、ニキビ、抜け毛、アレルギー、浮腫、乾癬、爪われ、喘息などに対しても重要な役割を演じています。

リウマチ様関節炎をはじめとしたすべての炎症現象：炎症トラブルが起こっているとき、炎症部位においてPGE1の代わりに多量のPGE2が確認されます。

美容：シワをなくして皮膚を保湿します。

生殖系：50％近くの女性が患う月経前症状に対処します。

がん：生体によるPGE1の生成を助け、がん性細胞のPGE2の生成を抑えます。

「超プロスタグランジン」PGE1の重要性

プロスタグランジンの「製造」は、冷温一番搾りで得られる多くの植物油中にふくまれるシス·リノール酸によっておこなわれます(24ページ図表参照)。精製油もリノール酸をふくみますが、これは《トランス》型のトランス·リノール酸であり、その働きはPGE1の生成が完全に不可能な飽和脂肪酸に似ています(14ページ参照)。一方、シス·リノール酸は、消化中にデルタ6デサチュラーゼ酵素の作用により、次の物質に助けられて不飽和化します。

ビタミン B_6：80以上の酵素反応にかかわり、B_6が不足すると脳に重大なトラブルが生じる。
マグネシウム：私たちの体にとって重要な要素であり、多くの酵素プロセスにかかわり、抗アレルギー作用、抗感染作用そして抗ストレス作用がある。
亜鉛：下垂体の機能を調節し、栄養摂取やインシュリンの利用と保存において主導的な役割を果たす。ほぼすべての細胞にふくまれている。

このシス・リノール酸の不飽和化メカニズムが、どの抑制物質にも妨害されないのであれば、シス・リノール酸はγ-リノレン酸に変わり、その後PGE1を与える前に、2同族γ-リノレン酸に変わります(ビタミンB3とビタミンCの支援によって)。

今日の私たちの栄養摂取もこれと無関係ではなく、シス・リノール酸からγ-リノレン酸への変化は非飽和化を妨げる一部の物質によって妨害されます。シス・リノール酸の不飽和化メカニズムにおける抑制要因、抑制物質は以下の通りです。

・**《トランス》型脂肪酸**：飽和脂肪酸のように振る舞い、γ-リノレン酸に変換可能なリノール酸を生体にもたらさない。《トランス》脂肪酸は脳や心臓の組織に深くはいり、それらの器官の働きを害する
・**飽和脂肪酸の過剰**：動物性食品やその加工食品にはPGE2が多くふくまれている
・**インシュリンや亜鉛あるいはマグネシウムの不足**

・**コレステロールが多くふくまれている食品**：飽和脂肪酸すなわちPGE2が豊富な食品と同じ場合が多い

・**ウイルス疾患**

・**老化**

・**アルコール中毒**：アルコールの過剰摂取は酵素系に障害をもたらし、２同族γ‐リノレン酸の体内貯蔵を枯渇させる

・**電離放射線**

これらの抑制因子の作用と並行して、シス・リノール酸をγ‐リノレン酸に変える反応に必須の非飽和デルタ６酵素が欠乏する場合があります。この酵素は《トランス》脂肪酸や精製糖、あるいはアルコールによって自らの働きを阻害されるほか、カテコールアミン（ストレス時に生じるホルモン）が分泌される場合、一部の油（フラックスシード油またはソヤ油）にあるα‐リノレン酸によっても阻害されます。γ‐リノレン酸が豊富な一部の油（イブニングプリムローズ油とボリジ油）を利用すると、この第１段階がショートカットされ、より大事なPGE1の生成が保障されます。よって、読者には、肉や豚肉加工品などの消費を避け、イブニングプリムローズ油とボリジ油を組み合わせて摂取したりシス・リノール酸が豊富な冷温一番搾りの食用油を摂取したりすることをおすすめします。

シス・リノール酸（C18：2N-6）

｜

デルタ６デサチュラーゼ酵素

｜

注意すべき抑制要因

・マグネシウム、亜鉛、インスリンやビタミンB_6不足

・飽和脂肪の過剰

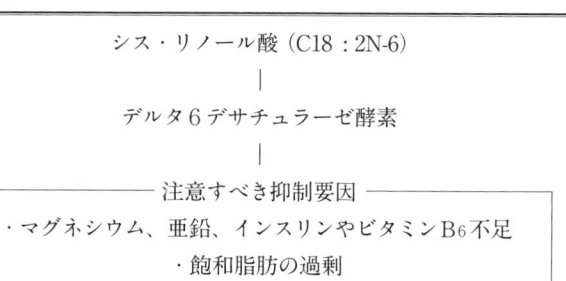

・ウイルス性疾患
・老化
・アルコール中毒
・電離放射線

↓

γ - リノレン酸（C18：3n-6）

↓

2同族 γ - リノレン酸（C20：3n-6）

↓ ↓

PGE1 アラキドン酸（C20：4n-6）

↓

PGE2

PGE2 には要注意！

2同族 γ - リノレン酸は一方では PGE1 に、他方では触媒（非飽和デルタ5酵素）の存在によって、PGE2 生成のもととなるアラキドン酸に変わります。PGE2 はリウマチ様関節炎をはじめとするすべての炎症現象や自己免疫疾患のすべてに、PGE1 よりはるかに多く存在しています。これは PGE2 の次の2つの発生源によってのみ可能となります。

- **内因性**：2同族 γ - リノレン酸の（PGE2 を与える）アラキドン酸への変換による。しかし、この場合 PGE1 の生成が阻止されると、PGE2 の生成も同じように阻止される。がんの場合、がん細胞は PGE 1 を生成できないが、PGE2 は問題なく生成できる。
- **食品を介した外因性**：動物製品や、その副産物には、代謝するとこの恐るべき PGE2 を供給するアラキドン酸が多くふくまれている（1個の卵には 65mg、100g の仔牛には 95mg）。しかし、PGE1 の生成に欠かせない必須脂肪

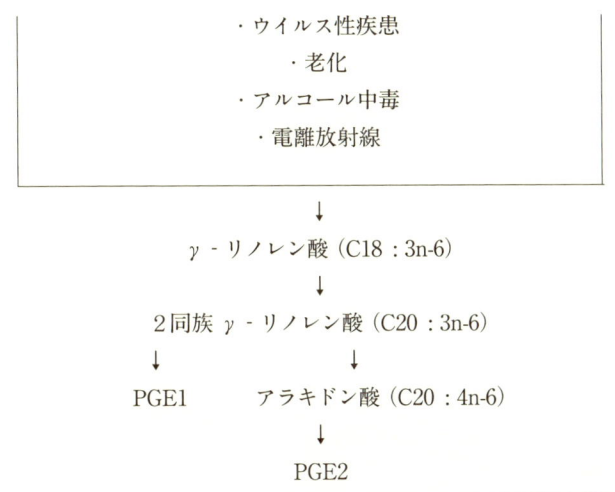

酸を付加すると、アラキドン酸によって供給されたPGE2の割合もバランスのとれた値に維持される。よって、多くの病理ケースでは、必須ポリ不飽和脂肪酸（PGE1）を細胞に供給可能な物質が含まれているイブニングプリムローズ油やボリジ油を摂取する意義があります。

植物油はどうやって消化される？

植物油は腸でのみ消化されます。まず、十二指腸で胆汁によって乳化され、次に小腸の第二部と第三部で腸リパーゼ の作用により、脂肪酸、グリセリンおよび石ケンに分解されます。植物油は乳化されたあとに分解され、乳糜《にゅうび》毛細管（空腸や回腸の腸絨毛が生まれるリンパ細管）、次に乳糜脈管を通じて血流に合流していくのです。その後、細胞に供給されるか肝臓にストックされます。血液の脂質濃度は一定ではなく、１日の時間帯により大きな開きがあります（1L当たり２〜６g）。

脂質代謝のかなめは肝臓

肝臓は脂質の代謝において重要な役割をはたします。最初は十二指腸で脂肪物質の乳化に必須の胆汁を分泌します。胆汁がないと植物油は腸リパーゼによって分解されません。次に肝臓は貯蔵器官となり、需要と供給に応じて内部環境の脂質のバランスを維持する役割を演じます。十分な供給がない場合には、糖質やプロチドから脂質を合成することができます。

脂質は１日にどれくらい摂ればいい？

脂肪物質の必要量は人によって異なり、私たちの肝臓系が過度の負担に陥らないよう、液体脂質（油）と凝固脂質（脂肪）、および飽和脂肪酸と不飽和脂肪酸を同時にバランスよくふくんでいる必要があります。飽和脂肪酸より、不飽和脂肪酸の必要な割合のほうが圧倒的に多いため、植物由来の脂質、より厳密には植物油をおもに選択しなければなりません。

動物性脂肪物質は老廃物、プトマイン（腐敗による有毒成分）、動物に与えられた薬剤やワクチンなど多くの製剤のたまり場（レセプタクル）です。私たちの脂質必要量には、小腸の潤滑化のため飽和脂肪酸もふくまれますが、それはわずか 10 ～ 15％で、植物油に豊富にふくまれる必須脂肪酸のほうがもっと必要なのです。基準を満たさない量だと、肝臓は豆類やプロチドから脂肪酸を合成しなければならず、重度の肝臓疲労が生じます。こうならないように、次の計算式で算出される１日当たりの脂質の必要量をおすすめします。

ＲＬ（脂質の必要量・g／１日）＝ＰＫ（体重・kg）÷２

これは体重１kg 当たり１日 1/2 g に相当し、RL のうち、飽和脂肪酸（AGS）が 10％で不飽和脂肪酸（AGI）が 90％であるのが理想です。

※ 訳者註：たとえば、体重が 70kg の人の場合、１日当たりの脂質の必要量＝70÷2＝35g ということになります。

植物油には脂溶性ビタミンがたっぷり

ビタミン A、D、E、K は油類や脂肪に溶け、媒介物（媒体）となった物質と同じルートで吸収されていきます。脂溶性ビタミンは私たちの体には必須で、溶解しやすいので脂肪組織のなかに簡単にストックすることができます。

ビタミンA

ビタミンAはレチノールとも呼ばれます。さまざまな組織を変質から守り、損傷した組織の除去や新しい組織を再構築するため、火傷、アトニー性傷および静脈瘤性潰瘍などの手当てで貴重な補助薬となっています。胆汁結石症、高血圧、喘息、大腸炎などの場合にも、効用があります。しかしビタミンAの主要な特性は、抗眼球乾燥症において視紅（ロドプシン）の生成にかかわり、角膜の乾燥を防ぐことです。ビタミンAはほとんどの植物性ヴァージンオイルにふくまれており、次のようにほかのビタミンと結びついてその作用を補完したり増進したりします。

- **ビタミンDと結びついた場合**：骨格の形成と成長
- **ビタミンCと結びついた場合**：抗感染
- **ビタミンEと結びついた場合**：生殖機能上で重要な役割

ビタミンD

1つのビタミンというよりむしろビタミン複合体（D_1、D_2、D_3）であり、腸管粘膜でカルシウムやリンの吸収を調節して、骨や歯に固定させます。このビタミンのおもな作用はくる病を予防することです。ビタミンD（D_2、D_3）は魚油、卵、乳製品および一部の植物油（スィートアーモンド油、ウィートジャーム油、ソヤ油など）にふくまれています。また、日光浴時に皮膚のステロールによって合成できることから、少なくとも暑い季節には、頻繁に日光浴をすることが大事です。

ビタミンE

ビタミン複合体であるビタミンEは、生殖能力（抗不妊）、不感症、インポテンツだけでなく神経や筋肉の機能に作用する7つのトコフェロールをふくんでいます。この抗不妊作用は、睾丸または卵巣に進行を食い止めることができないほかの疾患がない、という条件下でのみ働きます。トコフェロールにはほかに次のような特徴があります。

・凝固現象を調節する
・毛細管の強度を高める
・多くの筋肉疾患（デュピュイトラン病、ミオパシーなど）の回復を助長する
・ビタミンAの酸化を防ぐ
・不飽和脂肪酸の吸収を助ける
・抗毒性作用がある
・神経細胞の栄養摂取にかかわる

ビタミンEは今日の食品にはふくまれていない場合が多く、上質な植物油のように、変質していない健全なものから摂取しなければなりません。

ビタミンK

ビタミンKは、ビタミンK_1～K_7の結合からなるビタミン因子で、大事なのは最初の２つです。止血剤と呼ばれ、血液の凝固にかかわります。創傷の場合、止血をするには４つの物質（カルシウム、フィブリノゲン、プロトロンビン、トロンボプラスチン）が必要です。ビタミンKは肝臓がプロトロンビンを分泌するのを助けます。プロトロンビンはトロンボプラスチンとの相互作用と触媒（ここではカルシウム）があることによって、トロンビンに変化します。

血栓はトロンビンの作用のもとでフィブリノゲンが固体フィブリンに変換することによって形成されます。ここではビタミンKの役割が一番大事です。ビタミンKは私たちの体が合成できる非常にまれなビタミンの１つで、虫歯、潰瘍性大腸炎、百日咳、しもやけ、肝炎、吐血、子宮出血、閉塞性黄疸、メレナ、紫斑、関節リウマチなど、数多くの疾患の治癒に利用されています。

ビタミンA、D、F、Kの1日の必要な量		
ビタミン	大人	子ども
A	1.70～1.80mg	0.5～1.5mg
D	0.01mg	0.01mg
E	15～25mg	5～15mg
K	4mg	2～4mg

腸内洗浄の仕上げには植物油が最適！

たくさんのバクテリアが生育している結腸（大腸の主要な部分）は、一部のセルロースの消化をうながし、一部のビタミンを合成して栄養素を消化吸収、免疫防御機能を刺激しながら新陳代謝にかかわっています。排泄物が滞ったり乾燥したりすると、バランスがくずれて粘膜が刺激され、毒素が血液中へ進入しやすくなります。その結果、生体に中毒が生じ、いろいろなトラブルが起きる可能性があります。

一部の病理ケースでは、大腸の壁に付着しているすべての排泄物を除去するために、結腸の綿密洗浄、すなわち腸内洗浄をおこなうことがあります。この洗浄をおこなうと死んだ粘液性被膜、好ましくない寄生虫、粘液、ガスあるいは腐敗しているすべての刺激性物質が除去されます。この療法には、栄養素の最良な状態での吸収、腹帯の活性化、腸の蠕動（ぜんどう）の改善、生体の深い解毒、充足感と軽快感、減量、腎臓機能の増進、免疫の向上、月経トラブルや膀胱炎の改善、結腸病理に対する予防作用などたくさんの効能があります。

多くの自己免疫疾患（自己中毒変質）のケースでは、特に腸膜の通過性が非常に高いことが確認されています。このようなケースでは、腸内洗浄のあとにたとえばサンフラワー油の点滴注入をおこなうと、ポリ不飽和脂肪酸が供給されて、結腸粘膜が新たにバランスを保つようになります。一晩経過すると、粘膜によって植物油が完全に吸収されているのを確認することができます。サンフラワー油、サフラワー油あるいはイブニングプリムローズ油などの植物油の点滴注入は、腸内洗浄が不可能な場合におこなわれますが、浣腸が終わったあとでも可能で、大さじ３～４杯分の油を洋ナシ型の小瓶に入れて点滴注入します。

Chapitre 2

第２章

Les huiles végétales et la beauté

植物油と美容

どの時代までさかのぼっても、またどの文明を考えたとしても、美容にはつねに植物油がかかわっていました。そして、当時の使用法と今日の使用法のちがいは、皆無といえませんがほとんどないのです。

古代エジプト人は温浸抽出法で得た香辛料や、植物で香りをつけた油を自らの体に塗っていました。ローマ人は共同浴場で入浴後に、芳香付きの油あるいは芳香なしの油（スィートアーモンド、オリーブ等）を使ってマッサージをする習慣がありました。

インドや中国では女性たちが毛髪を手入れするために、油と植物をベースとした調合液の準備に時間を費やしていました。しかし、今日では植物油が主成分の化粧品が数え切れないくらい多く出回っていて、手軽に手に入れることができます。

このことは別に驚くことではありません。油の抽出というものは人間が最初に発見した数ある重要な出来事の１つなのです。そして抽出油は単独で使ったり、植物や果汁あるいは精油とブレンドして使うことのできる、健全で自然な、そして非常に心地よい使用感のある最強の美容材なのです。化粧品業界が植物油を稀にしか利用しないのは非常に残念なことです。たとえ利用するとしても低品質な植物油に目が向けられています。利益優先が理由とは思われますが、使用されているほとんどが精製油なのです。

さまざまなパワーと可能性をもつ植物油

植物油には不飽和脂肪酸が豊富にふくまれており、表皮によく浸透し、脂質膜を形成して皮膚に栄養を与え保護します。肌をなめらかにするとともに、柔軟作用、強壮作用、組織再生作用によって、よりきめ細かで、輝き、そしてやわらかな肌を取り戻し、早年性老化肌を防ぎます。

植物油はアレルギー反応を引き起こさず、皮膚と相性がよいものです。ふくまれている必須脂肪酸のおかげで、皮膚の保護と保湿において重要な役割を演じています。

植物油は使いたいときにいつでも利用することができます。用途は美容や衛生のあらゆる面で非常に多種多様で、読者自身が自分に合ったものを選択することができます。たとえば、「メイク落とし乳液」の代わりとしても植物油はすばらしく、アイメイクなど落ちにくいメイク落としにもおすすめです。フェイシャルケアにはティッシュペーパーでもいいのですが、植物油を浸したスポンジを使えばさらに効果的です。

また、皮膚が乾燥したり疲れていたりした場合には、ディクリームまたはナイトクリームとしてオイルケアをすると、皮膚が活力を取り戻します。特に季節の変わり目は肌が荒れやすく、このオイルケアを３週間続けると優れた効果を発揮するでしょう。

使用する植物油はローズヒップ油、イブニングプリムローズ油、ホホバ油など、特に表皮に容易に浸透する植物油を選びます。効果をより高めるために、精油を加えることもできます。

植物油の力はこれだけではありません。精油や浸出油を加えた植物油でバスやシャワーのあとにボディマッサージをすれば、肌がやわらかくきめ細かになるでしょう。心身がくつろぎ、活気づき、そして精神的にも肉体的にも大きな充足感を感じることができるはずです。夜寝る前に頭皮を軽くマッサージしながら、ヘアケア用品として植物油を髪に塗り、一晩放置します。これも、昔から親しまれてきた美容法です。タヒチ人ならココナッツ油、中国人ならセサミ油を使い、そしてインド人やアフリカ人女性たちも植物油を使うことで髪の美しさを保ってきました。毛髪を油で包みこむと、髪はやわらかくなり、輝きを増し、セットしやすい美髪となります。特に数多くのダメージ（パーマ、カラーリングなど）を受けたり、太陽や海水によって傷んだ髪やつやのない髪、あるいは乾性髪には最適な方法です。

植物油はまた、乾燥してひび割れしている手、線状皮膚萎縮、火傷、シワ、日焼けによるトラブル、割れ爪、バストラインのケア、乳児のケア、乾燥して疲れた毛髪など多くの特定のケアにおいても有効です。

植物油に精油を加えるか、あるいは生の芳香植物を長く漬ければ、さまざまなパワーをもった香り高い、化粧品と同等なオリジナルの植物油を安価に手作りすることができます。

なお、美容ビジネスは非常に大きなビジネスであること、そして商品としての見た目や包装が優先され、中身のクリームや植物油よりも外見に比重が置かれているということを忘れてはいけません。試しにラベルを手にとって、有効成分がどのくらいふくまれているか計算してみてください。ほとんどの場合3～5％を超えることがありません。その結果、「おどろくような」品質なのです。また、市販の化粧品は、精製油、動物性脂肪、化学的に加工処理された植物、合成剤、化学分子などが主要成分であるうえに、化粧品が販売コーナーに陳列される前には、動物を利用した多くの非人道的なテストがおこなわれているのです。

このようなことにかかわらない方法は、自らがスキンケア品を作るか、あるいは自然派エステサロンや自然食品店でそれらを購入することです。

また、バランスの取れた健全な食事、前向きな精神、スポーツの実践、規則正しい睡眠、タバコ・アルコール・ストレス・コーヒー等の「抗美容」要因の排除など、非の打ち所のない生活をおくることで、はじめて美容の手入れや健康管理が完璧なものとなることをお忘れなく。

植物油で、肌に栄養を

私たちの肌は、すでに述べたように「内部から」栄養を与える必要があります。

生野菜、グリーンサラダ、温野菜などの調味料として、冷温一番搾りの植物油が頻繁に使用されますが、この植物油には不飽和脂肪酸、ビタミンA、D、

E､Fおよびレシチン（Lecithin）が豊富にふくまれています。季節の変わり目や、必要と感じるときに内部から植物油を取りこむことで、肌や髪あるいは爪にケアを施すことになるのです。たとえば、３週間にわたって毎朝、カプセルのイブニングプリムローズ油を３錠、そして昼にボリジ油を３錠飲んでみるのもおすすめです（朝昼逆でもかまいません）。

自分に合った植物油を日常的にサラダや生野菜、温野菜や穀物類と一緒に摂取してみましょう。はっきりとした目的でより完全な処置をおこなうには、食事のときに目的に合わせて選んだ植物油を小さじ１杯、あるいは軟カプセル数錠をとります。これを数週間または数ヶ月続ければ、成果が得られるはずです。

Chapitre 3

第3章

Tout savoir sur les huiles végétales

植物油はこうして作られる

食用植物油はどうやって抽出される？

採油用種子や果実から食用植物油を抽出する方法には、以下の２つがあります。

圧搾抽出法：

これは最も伝統的な機械的手段であり、種子や果実を選別したあとに冷温か熱温で圧搾する方法です。

冷温：得られる油は植物の天然汁で、主要な栄養有効成分のすべてがふくまれています。圧搾機出口での油の温度が40℃を超えないよう、注意が必要です。

熱温：布や吸い取り紙でろ過したあと、酸化を避けるために遮光瓶に入れる抽出方法。この抽出方法は特に採油種に対して用いられ、油の抽出を簡単にするために、採油種は圧搾する前に粉砕されて加熱処理されます。得られた油は色が濃くて、比較的不快な香りがしていますので、商品化するためには精製加工が必要となります。なお、加熱することで一定の割合の栄養分が損なわれてしまいます。

溶剤抽出法：

一番搾りのあとに残る搾りかすには、脂肪分の大部分が残っており、機械的な方法だけでは抽出できません。そこで工場ではこの搾りかすに対して溶剤を用います。そうすると多くの場合、溶剤作用によって油のほか、樹脂や色素成分が溶け出します。このようにして得られる産出物は、そのままでは商品とならないので精製加工します。許可されている溶剤は、ケトン、ブタン、揮発油Ｂ（エッセンスオイル60／80またはヘキサン）、エタノール（エチルアルコール）、イソプロパノール（イソプロピル・アルコール）、プロパンです。

すべてを「除去」する精製工程

「精製工程」とは、熱温抽出油または溶剤抽出油を消費者に販売するために、物理的または化学的に処理するプロセス全体を指しています。前述した通り、冷温一番搾り以外で得られた植物油にはある一定の浮遊不純物がふくまれており、色が濃く悪臭がします。これらの残留物に対して一連の除去処理をおこないますが、多かれ少なかれ有害な処理となります。

粘質成分の除去

熱温抽出油または溶剤抽出油のなかには、アルブミン性物質、粘質物、ホスファチド、樹脂など多くの不純物がふくまれています。これらの物質は硫酸またはリン酸を加えると沈殿し、遠心分離によって分離します。なお、神経細胞に必須なリン脂質の多くがこの方法によって除去されてしまうことに留意する必要があります。

中和

精製油製造用の果実や種は、多くの場合低品質で、自由脂肪酸の割合が高く、塩基（通常は苛性ソーダ）の添加によって除去しなければいけません。植物油と苛性ソーダをかき混ぜると、鹸化により石鹸質の沈殿物ができて、遠心分離によりこの沈殿物と油が分離します。ここでも色素成分やリン脂質などの栄養素が除去されてしまいます。

洗浄と乾燥

中和作業が終わっても石鹸質のペースト粒子の浮遊物が残るので、植物油を水洗いし、真空乾燥させます。

脱色

熱温抽出油または溶剤抽出油を商品化するには、脱色する必要があります。リン酸（または硫酸）添加によって活性化される粘土質土、あるいは色素成分を吸着する活性炭と油を混合します。この混合物はろ過されますが、ある一定の脂肪分も取られてしまいます。このような損失を避けるために、一部のメーカーでは重クロム酸カリウムやチオ硫酸ナトリウムなどのような化学脱色剤を植物油に直接使います。

脱臭

本章のはじめに述べたように一番搾りではない植物油は、強く不快な臭いのするものが多いです。この欠点は活性土を使用するとさらにひどくなり、植物油は土特有の臭いがします。脱臭するために油を200℃近くまで加熱し、真空状態で高温蒸気を送りこみ、臭い成分を除去します。場合によっては塩化亜鉛を使う場合もあります。

加色

植物油に私たちが知っているような美しい色を与えるために、クルクミン、カルイニック酸、オルセイン、カロチノイドなどを使用して生成物に着色を施します。このように処理すると中性の味で黄金色の美しい清澄な製品が得られますが、実際的には不毛で有害な製品であり、食物油と呼ぶにふさわしい成分はなにもふくんでいません。

精製油は販売する前に、プラスチック容器に充填されますが、保存に関しては何ら対策を講じる必要はありません。この植物油は加工処理によって完全に変質しているので安定しており、酸化の恐れは皆無です。製造メーカーはリスクを負わないために、酸敗がないように酸化防止剤を添加する場合があります。

アフラトキシン

カビ（アスペルギルス・フラバス）から生成されるカビ毒（アフラトキシン）は多くの採油種や穀物に病気を感染させることが可能です。収穫場所での保管条件が劣悪なラッカセイはカビ毒に侵されている可能性があると疑うべきです。このカビ毒は冷温一番搾りの油やピーナッツペーストのなかにももちろん存在します。

アスペルギルスは、B1、B2、G1、G2、M1、M2の6つのアフラトキシンを発生させ、なかでもB1が最も危険です。また、アフラトキシンの割合が高いと判明した場合には、その製品をすべて遠ざけるべきです。ピーナッツ油やピーナッツバターの製造メーカーは法律が定めた規格値を下回っていることを示す分析結果を提出しなければなりません。

アフラトキシンが発がん性物質であることが実際に証明されなくとも、悪化要因であることには変わりなく、非常に重度の肝臓障害を引き起こす可能性があります。

精製ピーナッツ油はこのような危険な毒物の形跡を残しませんが、本書で挙げられたさまざまな理由により有毒ではないとはいいきれないのです。

Chapitre 4

第4章

Les huiles végétales au quotidien

植物油を日常的に摂取するには

植物油は台所で、冷たい状態のまま、あるいは温めてさまざまな料理に利用されています。あらゆる種類のサラダや生野菜、温野菜や穀物類の調味料として、また、蒸し煮の野菜、チリコンカルネ、パエリアそしてカレーなどのメインディッシュのなかでも使われています。また、穀物のガレットやオーブン料理、さらにはケーキを作るときにバターやマーガリンの代用品としても使われています。これほど一般的に浸透している植物油ですが、その扱いには注意が必要です。臨界温度やビタミン含有量などについて知り、考慮して利用するようにしてください。

生で使用する場合

すべての植物油は、生の状態で利用することができます。しかし、体の健康のことを考えると、特にポリ不飽和脂肪酸（特にリノール酸）が豊富にふくまれる植物油を優先するとよいでしょう。ポリ不飽和脂肪酸の含有量の多い順に挙げると、サフラワー油、ケシ油、ウォールナッツ油、ソヤ油、ウィートジャーム油、サンフラワー油、セサミ油となります。

それぞれの植物油独自の風味や各自の好みに応じて、植物油を試して自分に合ったものを選べばよいと思います。それぞれの植物油のよさを体験するには、毎日異なる植物油を試すか、あるいは混ぜ合わせて使用する方法があります。以下に3つのブレンド例を紹介しましょう。

・ソヤ油 250ml ＋サンフラワー油 250ml ＋オリーブ油 250ml ＋ウォールナッツ油 250ml
・サンフラワー油 500ml ＋ウィートジャーム油 10ml ＋サフラワー油 20ml ＋ソヤ油 20ml
・セサミ油 250ml ＋ケシ油 250ml ＋サンフラワー油 250ml ＋サフラワー油 250ml

このようにブレンドした植物油大さじ４杯に対して、大さじ１杯のリンゴ酢またはレモン汁、小さじ２杯の溜まり醤油または醤油、細切りにしたハーブ（パセリ、アサツキ、バジルなど）、１個のエシャロットまたは細切りにした１かけのにんにくを混ぜ合わせるとドレッシングができます。

加熱調理する場合

加熱調理用に植物油を選ぶ場合、超えてはいけない温度、つまり各植物油の臨界温度（49ページ参照）に注意しなければならないため、選択肢は限られてきます。十分に高い温度の調理に耐えることができる植物油は、ピーナッツ油（220℃）とオリーブ油（210℃）だけなのです。

弱火での加熱調理（たとえば蒸し煮）の場合、サンフラワー油、ソヤ油そしてセサミ油が使用できますが、この場合でも温度に注意しなければなりません。

グラタンやフライパンでの加熱調理、あるいは揚げ物の場合、揚げ菓子、ケーキ、クランブル、タルトなどおいしいお菓子作りと同様に、オリーブ油やピーナッツ油が必要となります。 早速試してください。「驚くべきことに」オリーブ油のフルーティな香りは加熱すると消えてしまい、事情を知らない人なら揚げ油にオリーブ油が使われていることに気がつかないでしょう。

プロヴァンス地方や地中海沿岸地方では、今日でもすべてのデザート作りにオリーブ油が使われています。とはいっても、この地方で手に入る唯一の地元産脂肪物質はオリーブ油だけなのです。ピーナッツ油も使うことができますが、個人的にはその風味はお菓子とうまく調和しないと思います。みなさんもそれぞれ試してみてください。

植物油を加熱するとなにが起こる？

揚げ物は有害!?

植物油や脂肪などすべての植物性脂肪物質、より厳密にいうとその構成物である必須不飽和脂肪酸は、加熱に対して非常に敏感です。加熱調理中、この脂肪酸は変質し、一部は消化しにくい発がん性物質に変わります。調理の加熱温度が高すぎると、熱分解が生じ、植物油はアクロレイン（アクリルアルデヒド）や一部のタールのような毒性物質に劣質し、生体にとって有害で消化しにくいものへと変わってしまうのです。

さらにこのような分解から生じる化学化合物は、肝臓をはじめとしたすべての消化器官に有害な作用をもたらします。

食事療法の研究者であるジェフロワは、著書の『Cours d'alimentation saine（La Vie Claire）（健全な食事の講義）』のなかで、「…温度上昇により脂溶性ビタミンが破壊され、不飽和の二重結合の酸化が助長されることで、一部の長鎖を壊し、肝臓や腸管粘膜に非常に有害なアクロレインなどの物質が生成されます…」と指摘しています。

「揚げ油」でなにが起こっているのか

揚げ油とは、アクロレインなど生体にとって有毒な派生物が形成されはじめる温度（臨界温度）以上に加熱した油や脂肪を指します。アクロレインはグリセロールから派生した有機物（脂肪物質の第一アルコール）で、刺激臭のある可燃性揮発液体です。自らの臨界温度を超えるほどに加熱された脂肪物質はすべて、多かれ少なかれアクロレインやそのほかの物質に分解されます。

アクロレインは第一次大戦中（1914～1918年）に窒息ガスとして使われました。そして不幸なことに、今日でも大量に製造・貯蔵され、使用する工場から大気中や河川へ放出されています。強制給餌によって肉用若鶏の成長を促進させる「メチオニン」という必須アミノ酸の合成の原料です（本来6ヶ月のところ、６週間で若鶏を「作る」方法)。

アクロレインが揚げ物によって吸収されると、肝臓に害をもたらし、がん性化する可能性があります。また、アクロレインが大気中に放散されると、皮膚熱傷が生じたり、肺や気管支を損傷させたり、血液に悪影響をおよぼします。

知っておきたい「臨界温度」

脂肪物質の臨界温度は、アクロレインなどへの分解がはじまるのに必要な刺激の最低値（温度）であり、つまり、油や脂肪が毒性物質に分解しはじめる温度です。したがって、決して油や脂肪を臨界温度以上に加熱してはいけません。なお臨界温度はそれぞれの脂肪物質によって異なります。

油名	臨界温度
ピーナッツ油	220℃
コーン油	140℃
ウォールナッツ油	140℃
オリーブ油	210℃
パンプキンシード油	140℃
グレープシード油	150℃
セサミ油	150℃
ソヤ油	150℃
サンフラワー油	160 ～ 170℃

揚げるときの油の平均温度はおよそ170℃なので、上記の表からオーリブ油とピーナッツ油だけが有効となります。しかし、フランスの行政当局はリノレン酸含有量が２％を超えない油を揚げ物用油として政令で許可しています（実際、リノレン酸は熱によって非常に早く分解してしまうのですが…）。

このような植物油のラベル上には「揚げ物・調味用植物油」と表記されます。そしてリノレン酸含有量が２％を超える油については、「調味用植物油」

と記載されています。

この政令によると、リノレン酸がまったくふくまれていないサンフラワー油は揚げ物には有効となります。ただし、この政令は熱に耐えられないリノール酸（ほかの必須脂肪酸）のことについては考慮していませんが、サンフラワー油にはこのリノール酸が大量に含まれています。従って、サンフラワー油はその記載事項に反して、揚げ物用には使うべきではないのです。

使用する揚げ物油を選択したあとは、その使い方について知る必要があります。揚げ物用油は再利用される度に健全性が損なわれ有害なものとなり、8回ほど再利用されると有毒物質が顕在化することを知っておかなければいけません。なお、このような有毒物質は一度に出てくるのではなく、4回か5回ほど揚げ油を使うと出現する危険性が増すと思われます。

20回目の揚げ物では、油が人体（肝臓など）にとってまさに毒物となるほどに油の分解が進んでいるというわけです。

このように本書では、揚げ物に対しては非常に不信感があり、揚げ物は例外的に摂取し、注意して調理をすべきとしています。

本章では、当然、冷温一番搾りのヴァージン油だけを対象として記述しており、通常の市販品では上記のような危険はさらに高くなります。移動販売車や祭りの屋台で使用する揚げ油などはまさに毒物であり、その揚げ物は決して食べるべきでないのです。

油（または脂肪）を使った加熱調理で有害でないのは100℃を超えない加熱調理（たとえば蒸し煮）だけです。お菓子やレンジを使用するそのほかの料理では、使用する脂肪物質の臨界温度を決して超えないよう気をつけなければいけません。

まとめ

植物油にふくまれる、人の身体にとって不可欠な栄養素は、植物油が生のときにだけすべて残っており、火を通すと大部分の要素が破壊されてしまいます。植物油の有益なすべての特性は加熱で破壊されてしまうのです。揚げ物に使用すべき油はオリーブ油とピーナッツ油の２つだけです。

パーム油とココナッツ油の植物性脂肪には必須脂肪酸が少なく、従って熱によく耐えますので、揚げ物にも使用できます。しかし濫用してはいけません。飽和脂肪酸の含有量が高いので、頻繁に使いすぎると有害なものになってしまうからです（コレステロール、心臓血管のトラブルなど）。植物油を使って加熱調理をするときの注意点をまとめると以下の通りです。

・油を煙が出るほど加熱し続けない
・一度使用した油はろ過し、多くても使用は３回まで。そのあとは捨てる
・使用済みの揚げ物油に新しい油を加えない
・脂肪物質の臨界温度に達しないように注意し、揚げ物をする場合 170 ℃を超えないようにする
・非常に少ない油や脂肪をフライパンで高温にして揚げ物をしない

いずれにしろ、各植物油の臨界温度を決して超えてはいけません。また、油で揚げた料理を食べながらアルコールを飲むと、アクロレインやそのほかの派生物の組織への進入が助長されるのでおすすめできません。

植物油を最良な形で摂取し、効用を最大限に引き出すには、冷製サラダやあらゆる種類の生野菜に調味料として用いるか、あるいは油を使わずに加熱調理した温野菜料理にかけるのが最適です。つまり、加熱調理しないで、冷たい状態で使用することが、最もおすすめしたい調理法なのです。そうすることで、植物油のなかに有害要素が付加されることなくビタミンや有効成分を体に取りこむことができるからです。

Chapitre 5

第5章

Guide de l'achat des huiles végétales

植物油の購入ガイド

良質な植物油とは？

植物油の効能を最大限に得るためには、酸化しておらず、酸味もない非精製の冷温一番搾りの植物油を選ばなければなりません（酸化した油は、酸敗していて悪臭がします）。また、まじりけがなく、混合されていないものが最適です。ほかの物質で薄められたものではいけません。

また、植物油の原料となるさまざまな植物や種子は、化学肥料や有害な寄生動物駆除剤や殺虫剤などで汚されている可能性があるので、野生のもの、あるいは有機栽培されたものを選ぶ必要があります。

どこで購入できる？

本書で定義しているような高品質の植物油は、おもにダイエット食品や自然製品を販売している店や、一部の製造者から直接購入できます。特にオリーブ油とサンフラワー油は直接購入が望めます。

※ 訳者注：日本では、肌に塗るための植物油と食用の植物油が別の店で販売されています。日本での購入先については「購入先リスト（220 ページ）」をご覧ください。

ラベルの読み方

料理で使う植物油の品質は完全なものでなければなりません。特に植物性の脂質は人体の発育に必須な化合物をもたらします。テレビにあふれている広告は信用しないほうがよいでしょう。客観性の欠如と偽りの情報がテレビ広告の主要な手段であり、消費者の健康は金銭的な利益のはるか後ろに置かれるのです。読者のためにフランスにおける製品の法定呼称とその意味を以下に明記しますので参考にしてください。ラベルの読み方を学んで、適切な選択をしましょう。オリーブ油に関しては、９種類のラベルがあります。本書では、おもに市場に流通している４種類を紹介します。

１．ヴァージン・オリーブ油

その名の通り、ヴァージン・オリーブ油は化学物質を使わずに冷温圧搾で得られるもので、精製は一切されていません。しかし、オレイン酸で示される酸性度によって以下のように３つの品種に分けられています。

・エキストラ　（１％以下の酸性度）

・ファイン　（1.5％以下の酸性度）

・中ファイン　（３％以下の酸性度）

自然食品店では0.5％以下の酸性度のオリーブ油が販売されており、これは完全に成熟したオリーブを使用していることを保証しています。

２．オリーブ油

ラベルに「オリーブ油」以外の記載がない場合、冷温抽出油であることを示しています。しかし、塩基（たとえば、苛性ソーダ）を用いた脱酸処理をされているはずで、材料のオリーブも低品質です。

３．精製オリーブ油または精製ピュアオリーブ油

名称が示すように、これらの油は市販化のために精製処理されているにちがいありません。

４．ピュアオリーブ油

この油は、前記の油よりも良質というわけではなく、ヴァージン・オリーブ油と精製オリーブ油を混合したものを指します。複雑なラベルがたくさんあるので、注意が必要です。

オリーブ油以外のさまざまな油の呼称

植物油：

１種類の油、あるいは混合油であることを示しています。混合油の場合には使用される油を重要度順にラベルに明記しなければいけません。「ヴァージン」という表記があるのなら、混合されるすべての油は冷温一番搾りです。そうでないなら、精製されたものにちがいありません。ラベルには「調味料用」「揚げ物と調味料用」というように食用植物油の用途も記載しなければなりません。

～～のヴァージン油：

この表記の場合、種子または果実の名前を明記する必要があります。この油は冷温一番搾り、すなわちウォーム歯車を用いた低速の機械で圧搾されたあとに遠心分離される植物油で、精製処理は一切受けていません。

冷温一番搾りの～～のヴァージン油：

この表記の場合、種子または果実の名前を明記する必要があります。前記記載の油と比べると、この油は圧搾時の処理温度が高すぎない（抽出温度は60℃未満）ということと、吸い取り紙でろ過されているという特徴があります。品質にこだわる一部の製造者は抽出温度が40℃を超えない油を製造しているのです。私たちはこのような植物油を選ぶべきです。

冷温一番搾りの～～の油：

このような呼称の油は絶対に精製されたものなので食卓にあげるべきではありません。

～～の油：

消費者がまちがってしまうような表記ですが、この油はヴァージンではなく、ある種の精製工程を経てから蒸気注入によって脱臭処理されています。よって、栄養分が失われています。

食卓油：
ラベルに抽出した果実や種子の記載がないので、精製油だと考えられます。避けるべき植物油です。

高品質の植物油を選ぶには、「冷温一番搾りのヴァージン油」のなかから、ラベルにオーガニックの記載があるものを選ぶのが賢明です。

保存方法

植物油は遮光ガラス瓶、または土瓶に入れて冷暗所で保管します。特に乾性油など、ヨウ素価に応じて一部の油は酸敗しやすいので（次ページ表を参照）、冷蔵庫に保管します。オリーブ油など一部の油は良好な保存条件下では２年や３年と例外的に長期保存が可能ですが、そのほかの油は製造年度中に消費してしまうのが望ましいです。

酸化の指標は「ヨウ素価」

ヨウ素価は二重結合の数を表すことから、時間の経過にともなって不可避に進んでいく酸化に対する油の耐性を示しているといえます。しかし、この数値では使用する植物油にふくまれるモノ不飽和脂肪酸とポリ不飽和脂肪酸のちがいはわからないので、あくまでも植物油を非乾性油、半乾性油、乾性油に区分けするのに役立つ指標にすぎません。なお、乾性油はその名のとおり非常に乾燥しやすい油であるため、最も保存がむずかしい油といえます。

ヨウ素価別 油の区分け表

油名	ヨウ素価	乾性の区分け
カシューナッツ油	76	非乾性 ヨウ素価～100
ヘーゼルナッツ油	83	
ピーナッツ油	86	
カスター油	86	
オリーブ油	90	
ピスタチオ油	92	
スィートアーモンド油	95	
レイプシード油	101	半乾性 ヨウ素価 100 ～ 130
グレープシード油	106	
セサミ油	112	
ウィートジャーム油	115	
パインシード油	118	
コーン油	121	
パンプキンシード油	122	
サフラワー油	124	
ソヤ油	130	
サンフラワー油	132	乾性 ヨウ素価 130 ～
ケシ油	134	
ウォールナッツ油	145	
フラックスシード油	190	

なぜ有機栽培か？

ヴァージン油の製造には、有機栽培された果実と種子だけが使われるべきでしょう。今日では自然食品店で、高品質でしかも有機栽培された植物油が多数販売されています。しかし、食料品店やスーパーで販売されている植物油は、自然食品店のものよりも品質が劣っていると考えたほうがよいでしょう。脂肪物質に溶ける化学肥料や殺虫剤が栽培時に使用されているため、植物油が本来もっている栄養バランスがくずれ、汚れています。その上、多くの精製処理も受けていることを忘れてはいけません。もちろん精製処理過程で添加された化学物質の法定残留率は超えてはいませんが、用量が少ないとはいえ、私たちの健康に有害ではないとはいえないのです。

一度人体に吸収されものは排除が難しく、ある一定の飽和状態になるまで吸収されたものは人体組織にとどまっています。

採油植物それぞれに対しておこなうすべての加工処理を詳細に検討することは、ここでは煩雑なのでしません。しかし、大地、およびその連鎖にかかわる人間が被る汚染規模について見当がつくように、製剤の一部を次の項で取り上げていきます。

「毒物」としての化学肥料

肥料

多くの肥料がありますが、硝酸ソーダ、カルシウムシアナミド、アンモニア化過リン酸、硫酸カリウム、NPK、NK、PK 肥料などは完全に化学肥料です。

そのほか、鉱物や植物、あるいは動物性物質由来の肥料がありますが、これも多少は化学的に処理されています。たとえば過リン酸、脱ゼラチン骨粉、蒸留廃液（テンサイの工業処理に由来）、石膏、硫酸マグネシウム、苦灰石、乾燥血、角粉、羊毛くず、羽毛粉、搾りかす、グアノ、肉肥料、堆肥、ドロストーン、塵芥肥料（封鎖後の家庭ごみ処理場の土壌をふるいにかけたもの）等です。これらの肥料のうち一部は有機栽培農業での使用が許可されています（石工、ドロストーン、搾りかす、堆肥、コンポストなど）。

殺虫剤とそのほかの毒物

栽培する採油用果実と種子に応じて、以下のものがあります。

除草剤：

2.4 - D 酸、ジノセブ、ジクワット、DNOC.、パラコート。除草剤が樹液とともに植物のなかを循環するため、植物細胞が汚染される

殺菌剤：

銅、ジノキャップ、ダゾメット、ジネブ

ダニ駆除剤：

ビナパクリル、キノメチオネート、クロルベンシド、クロロフェンソン、ジコホル、ジオキサチオン、フェニゾン、テトラフェンソン、テトラジホン、テトラスル

殺虫剤：

アルセナート、アジンフォス、ブロモホス、カルボフェノチオン、ジアリホス、ダイアジノン、ジメトエート、エンドサルファン、エントリン、フェニトロチオン、ホルモチオン、イソフェンホス、リンデン、マラチオン、メチダチオン、メトミル、メビンホス、ナレッド、ニコチン、オメトエート、パラチオン、フェナミホス

このリストを見ると心配にならざるをえません！

最後に、無水硫黄、臭化メチル、酸化エチレン、ジブロメタンなど、収穫物に対して用いる化学物質も忘れてはなりません。以上のことから、農業分野における化学物質の占める割合の重要性をわかっていただけたと思いま

す。しかし、このような"毒物"は農業において必須なものではありません。なぜなら、これらの化学物質を用いて栽培した作物より、有機栽培によって収穫された作物の収益性や品質が劣るものではないからです。食品は人間に必要な栄養素を供給するものであり、その品質は特に重要です。いかなる場合であっても、食品は毒性化学物質の媒体となってはならないのです。

価格について

本書で対象としているのは有機栽培由来の冷温一番搾りの高級植物油のみで、そのほかの植物油は栄養面でも味覚面でもなんら注目に値するものはありません。

オリーブ油やサンフラワー油など一部の植物油は、おもに日常的に料理に使用する食用油であるのに対して、ほかの植物油（ホホバ、イブニングプリムローズ、ボリジなど）は美容や健康ケアに使用するため、使用量も少ないということを忘れてはなりません。後者の植物油はその由来、抽出量および収穫量が少ないためより高価ですので、"薬用油"とみなすべきです。

パラフィン油は危険なので要注意！

パラフィン油は原油やオイルシェール（油頁岩《ゆけつがん》）あるいは人間の食用に不適切なそのほかの生成物を蒸留・精製して得られる生産物で、多くの炭素原子をふくむ炭化水素です。炭化水素が組み合わさることにより固体相（ワックス状の粘り）または油性相（十分な粘性）を呈します。

パラフィン油は精製される前は黄色で、硫酸の作用により味も香りもない白色生成物となります。非水溶性ですが、エーテルには溶けます。この物質はまったくの無機質で刺激作用がありません。痩せようとしている、あるいは便秘に悩んでいる女性に、多くの療法士がこの物質を処方していますが、避けるべきでしょう。

パラフィン油を、カロリーがなく腸内通過を助ける潤滑剤としてとらえるのであれば、なんら異議はありません。しかし有能な療法士であれば、人体内でこの物質はどうなってしまうのだろう？　という素朴な疑問をもつはずです。パラフィン油は不活性で、ビタミンや不飽和酸がありません。従って人体の調和にとって必須ではないわけですから、このような疑問をもつことは不思議ではありません。パラフィン油は体内に吸収されれば有害物となり、さまざまなトラブルの原因となります。たとえば、腸管粘膜では非吸収膜として蓄積され透過の障害となり、多くの栄養素が血液を介して細胞まで行くことができなくなります。そして、結果として以下のようなことが起こる可能性があるのです。

・脂溶性ビタミンの大部分（A、D、E、K）が大便によって除去される
・ビタミンK不足により、多くの出血性症状の原因となる
・ビタミンAとEの不足により目（眼球乾燥症）と生殖器（不妊、不感、インポテンツ）に問題が生じる
・子どもは必須栄養要素の喪失により発育不全（くる病）の危険が出てくる

結論として、パラフィン油は非活性化と栄養失調の要因であり、最新の発見では、発がん率が高いことがわかっています。

植物油は代替療法において大きな位置を占めており、これにはいくつかの理由があります。植物油を用いることは、その品質や組成、さらには人体に無害であることが明白な効能により、すばらしい代替療法となっているのです。その作用の仕方も穏やかで、なおかつ自然であり、高品質な植物油を使用するなら副作用もありません。また、植物油はマッサージや軽い塗擦に用いることで、精油を運ぶすばらしい媒体となります。ブレンドすることで、

複数の植物油それぞれの優れた性質が結びついて、強力な相乗効果が生み出されるのです。

植物油はまた、伝統的なものとそうでないものを問わずあらゆる療法に用いることができます。植物油の有効成分は食品としてとるか、あるいはゼラチンカプセルの形で摂取することが可能です。

Chapitre 6

第6章

Recueil des traitements

不調対策リスト

◉重要なお知らせ：本書で紹介する内容は専門の医師による診察や治療の代替ではなく、補完説明事項にすぎないことに注意する必要があります。

	アプリコットカーネル油	アボカド油	アルガン油	イブニングプリムローズ油	インカインチ油	ウィートジャーム油	ウォールナッツ油	オリーブ油	カスター油	カメリーナ油	カメリア油	グレープシード油	ケシ油	コーン油	サフラワー油	サンフラワー油	シーバックソーン油	シシンブリウム油	スィートアーモンド油	セサミ油
ニキビ							○										○	○		
アルコール依存症				○																
貧血							○													
アフタ（口内炎）																	○			
盲腸									○											
動脈硬化症									○				○	○	○	○				○
関節症				○					○											
耳鳴り									○											
気管支炎																			○	
火傷			○														○		○	
胆結石								○												
腎臓結石							○												○	
虫歯																				
傷んで艶のない乾燥した毛髪		○	○					○	○								○			○
コレステロール				○			○						○	○	○	○				○
抜け毛			○	○																
傷跡																	○			
胆石疝痛								○												
腎疝痛								○												
大腸炎								○												
便秘							○	○							○				○	
赤鼻																	○			
日焼け			○														○		○	
あかぎれ		○																○	○	
ダルトル（湿疹、乾癬などの皮膚疾患）								○									○			
皮膚のかゆみ																			○	
無機分過剰排泄						○														○

	ソヤ油	タマヌ油	チリ産ローズヒップ油	パンプキンシード油	ピーナッツ油	ブラックカラントシード油	ブラッククミンシード油	フラックスシード油	ヘーゼルナッツ油	ペリラ油	ヘンプシード油	ホホバ油	ボリジ油	マカダミアナッツ油	レイプシード油	セント・ジョーンズ・ワート浸出油	カレンジュラ浸出油	ユリ浸出油	ワイルドキャロット浸出油	アルニカ浸出油
ニキビ			○				○													
アルコール依存症													○							
貧血									○											
アフタ（口内炎）				○																
盲腸																				
動脈硬化症	○														○					
関節症								○					○							
耳鳴り																				
気管支炎																				
火傷			○													○	○			
胆結石																				
腎臓結石																				
虫歯				○																
傷んで艶のない乾燥した毛髪							○				○	○								
コレステロール	○			○	○								○							
抜け毛													○							
傷跡			○							○				○			○			
胆石疝痛																				
腎疝痛																				
大腸炎																				
便秘								○												
赤鼻		○	○														○			
日焼け			○													○	○			
あかぎれ			○			○	○			○	○			○			○			
ダルトル（湿疹、乾癬などの皮膚疾患）														○				○	○	
皮膚のかゆみ																				
無機分過剰排泄																				

	アプリコットカーネル油	アボカド油	アルガン油	イブニングプリムローズ油	インカインチ油	ウィートジャーム油	ウォールナッツ油	オリーブ油	カスター油	カメリーナ油	カメリア油	グレープシード油	ケシ油	コーン油	サフラワー油	サンフラワー油	シーバックソーン油	シシンブリウム油	スイートアーモンド油	セサミ油
うつ症																				○
皮膚疾患			○			○											○	○		
糖尿病							○	○								○				
動脈硬化症								○					○							
消化不良								○												
赤痢									○											
斑状出血（打撲傷、血腫）									○								○			
湿疹				○		○											○			
捻挫									○											
遺尿症							○													
床ずれ																	○			
全身疲労								○												
精神的な疲れ																				○
不感症						○														
胃腸炎									○											
ひび割れ		○				○		○									○			
子供の活動亢進				○																
高血圧症				○																
低血圧症																				
インポテンツ						○													○	
消化管の炎症																				
不眠症									○											
乾燥手						○											○			
マストース				○																
真菌症									○											
神経過敏						○								○						
神経皮膚炎														○						
爪われ									○		○									○
骨粗しょう症								○												
耳炎									○											
腸内寄生虫							○													

	ソヤ油	タマヌ油	チリ産ローズヒップ油	パンプキンシード油	ピーナッツ油	ブラックカラントシード油	ブラッククミンシード油	フラックスシード油	ヘーゼルナッツ油	ペリラ油	ヘンプシード油	ホホバ油	ボリジ油	マカダミアナッツ油	レイプシード油	セント・ジョーンズ・ワート浸出油	カレンジュラ浸出油	ユリ浸出油	ワイルドキャロット浸出油	アルニカ浸出油
うつ症																				
皮膚疾患						○	○			○	○								○	
糖尿病					○			○					○							
動脈硬化症																				
消化不良																				
赤痢																				
斑状出血（打撲傷、血腫）						○	○													○
湿疹			○			○	○			○										
捻挫																				
遺尿症																				
床ずれ			○				○				○						○			
全身疲労				○																
精神的な疲れ				○																
不感症									○											
胃腸炎																				
ひび割れ														○						
子供の活動亢進													○							
高血圧症	○												○							
低血圧症									○											
インポテンツ									○			○	○							
消化管の炎症					○															
不眠症																				
乾燥手										○				○			○			
マストース													○							
真菌症																				
神経過敏	○																			
神経皮膚炎																				
爪われ										○	○									
骨粗しょう症																				
耳炎																				
腸内寄生虫				○																

	アプリコットカーネル油	アボカド油	アルガン油	イブニングプリムローズ油	インカインチ油	ウィートジャーム油	ウォールナッツ油	オリーブ油	カスター油	カメリーナ油	カメリア油	グレープシード油	ケシ油	コーン油	サフラワー油	サンフラワー油	シーバックソーン油	シシンブリウム油	スィートアーモンド油	セサミ油
乾燥・活力喪失・脱水した肌		○		○															○	○
ふけ			○																○	
腹膜炎									○											
多発性関節炎									○											
前立腺肥大																				
掻痒症																			○	
乾癬				○	○			○		○										
くる病（発育不全）						○														
リウマチ			○						○											
アレルギー性鼻炎									○											
シワ		○	○	○													○	○		
多発性硬化症				○																
老化現象				○		○														
サンスクリーン		○	○	○				○									○			○
不妊症・生殖不能						○										○			○	
月経前症候群(PMS)				○																
老化シミ																	○			
条虫症							○													
空咳																			○	
心臓血管障害				○		○	○						○		○					
発育不全							○													
記憶障害						○														○
肝臓障害								○												
ホルモン異常																				
腸管障害																				
神経障害							○												○	
胃潰瘍									○										○	
蕁麻疹				○																
線状皮膚萎縮									○									○	○	
いぼ									○											
皮膚の老化		○	○	○					○											

	ソヤ油	タマヌ油	チリ産ローズヒップ油	パンプキンシード油	ピーナッツ油	ブラックカラントシード油	ブラッククミンシード油	フラックスシード油	ヘーゼルナッツ油	ペリラ油	ヘンプシード油	ホホバ油	ボリジ油	マカダミアナッツ油	レイプシード油	セント・ジョーンズ・ワート浸出油	カレンジュラ浸出油	ユリ浸出油	ワイルドキャロット浸出油	アルニカ浸出油
乾燥・活力喪失・脱水した肌			○				○			○		○	○				○			
ふけ																				
腹膜炎																				
多発性関節炎																				
前立腺肥大				○																
掻痒症																				
乾癬			○			○	○	○												
くる病（発育不全）																				
リウマチ		○																		
アレルギー性鼻炎																				
シワ			○			○	○					○	○				○			
多発性硬化症													○							
老化現象													○							
サンスクリーン			○									○								
不妊症・生殖不能																				
月経前症候群(PMS)													○							
老化シミ																				
条虫症									○											
空咳																				
心臓血管障害	○	○		○									○							
発育不全																				
記憶障害																				
肝臓障害								○												
ホルモン異常													○							
腸管障害				○																
神経障害				○									○							
胃潰瘍					○			○												
蕁麻疹																				
線状皮膚萎縮		○	○			○								○			○			
いぼ										○										
皮膚の老化			○									○	○							

Chapitre 7

第7章

Recettes de santé et de beauté

オイルブレンドレシピ集

マッサージをするときには、手の動きがスムーズでなめらかでなければ体にうまく作用しません。植物油をマッサージに用いると、手が非常に薄い膜に覆われるので、体の線に沿ってなめらかに手を動かすことができます。また、植物油は単なるつるつるした油であるだけではなく、その組成や活性成分による滋養・加湿・組織再生作用があります。

鉱物オイル（パラフィンやグリセリン）は皮膚に浸透せず、皮膚呼吸を妨害する恐れがありますので、鉱物オイルをマッサージに使用することは絶対に控えるべきです。これに対して植物油は皮膚とよくなじみます。植物油を単独で使用するか、あるいは混合して使用するかは利用者の好みで決めればよいのですが、いずれにしても必ずオーガニックのヴァージンオイルを使用しましょう。ここでは、役に立つと思われるいくつかのオイルブレンドを紹介します。

※各植物油の作用・特性を知るには、該当する植物油の不調対策リスト（66〜71ページ）を参考にして下さい。特に神経やホルモンのトラブルについて、イブニングプリムローズ油とボリジ油に関する忠告内容は遵守して下さい。

※精油は皮膚に対して浄化作用とアンチエイジング作用があります。精油は決して原液で使用せず、常に植物油とブレンドして使います。精油は真皮まで浸透する唯一の物質です。血液とともに体内を循環し、局所的に各器官に作用するだけでなく、体全体に働きかけます。

植物浸出油の作り方

オイルをブレンドするにあたって、植物浸出油の作り方を覚えておきましょう。自分の好みや肌の性質、処置するトラブルなどのニーズに合わせて浸出油を作ることができます。使用する植物油と植物はそれぞれの特性と香りによって選んでみましょう。

〔材料〕 花、葉、根（できれば生のもの、そうでない場合は乾燥したもの）、任意の植物油 250ml

〔作り方〕 熱湯で消毒したガラス瓶に花や葉、根を入れ、任意の植物油をひたひたになるまで注ぎ、最低 10 日間、日当たりのよいところに置く。その後、植物をよく搾ってから漉す。

Recettes de santé

健康処方集

ニキビ

レシピ1

〔材料〕

サンフラワー油　150ml

～精油～

真正ラベンダー（Lavandula *angustifolia*）50 滴

〔作り方〕遮光瓶に材料を入れてブレンドする。冷暗所で保管する。

〔使い方〕朝と晩、患部に数滴を塗る。

レシピ2

〔材料〕

オリーブ油　500ml

エリカ（Calluna *vulgaris*）の生花 120g

〔作り方〕エリカ浸出油を作る。オリーブ油にエリカを浸して、日当たりのよいところに 15 日間置き、エリカをよく搾ってから漉す。遮光瓶に移して、冷暗所に保管する。

〔使い方〕患部に浸出油を数滴塗る。

黒ニキビ

〔材料〕

グレープシード油またはヘーゼルナッツ油 40ml

ブラッククミンシード油 40ml、シシンブリウム油 20ml

シーバックソーン油 20 滴

～精油～

真正ラベンダー（Lavandula *angustifolia*） 5 滴

プチグレン（Citrus *aurantium var. amara leaf*） 5 滴

セージ（Salvia *officinalis*） 5 滴

〔作り方〕 遮光瓶にすべての材料を入れてブレンドする。冷暗所で保管する。

〔使い方〕 朝晩、患部に塗る。

感染性ニキビ

〔材料〕

グレープシード油またはヘーゼルナッツ油 40ml

ブラッククミンシード油 40ml、シシンブリウム油 20ml

シーバックソーン油 20 滴

～精油～

真正ラベンダー（Lavandula *angustifolia*） 5 滴

プチグレン（Citrus *aurantium var. amara leaf*） 5 滴

セージ（Salvia *officinalis*） 5 滴

クローブ（Eugenia *caryophyllata*） 2 滴

ローレル（Laurus *nobilis*） 2滴

タイム・チモール（Thymus *vulgaris thymoliferum*） 2滴

〔作り方〕遮光瓶にすべての材料を入れてブレンドする。冷暗所で保管する。

〔使い方〕朝晩、患部に塗る。

カルブンケル（細菌感染症）やフルンケル（おでき）

〔材料〕

スィートアーモンド油 200ml

～精油～

タイム・チモール（Thymus *vulgaris thymoliferum*） 20滴

ワイルドキャロット（Daucus *carota*） 40滴

ローレル（Laurus *nobilis*） 40滴

〔作り方〕遮光瓶に材料を入れてブレンドする。冷暗所で保管する。

〔使い方〕患部に数滴つけて塗布する。

アフタ（口内炎）

〔材料〕

ウォールナッツ油またはパンプキンシード油

〔作り方〕単体で使用可能。
〔使い方〕患部に塗布する。

関節症

〔材料〕

オリーブ油 500ml
ローマンカモミール（Chamaemelum *nobile*）の生花 80g

〔作り方〕ローマンカモミール浸出油を作る。オリーブ油にローマンカモミールの花を浸して、３週間、日当たりのよいところに置き、ローマンカモミールをよく搾ってから漉す。遮光瓶に移して、冷暗所に保管する。
〔使い方〕１日数回患部に塗る。

火傷

レシピ１

〔材料〕

オリーブ油

セント・ジョーンズ・ワート（Hypericum *perforatum*）の生花
ともに任意の量

〔作り方〕セント・ジョーンズ・ワート浸出油を作る。遮光瓶がいっぱいになるぐらいセント・ジョーンズ・ワートを入れて、ひたひたになるまでオリーブ油を注ぐ。21日間、日当たりのよいところに置き、セント・ジョーンズ・ワートをよく搾ってから濾す。遮光瓶に移して、冷暗所で保管する。

〔使い方〕患部に数滴塗る。リウマチや痛風の痛み、および坐骨神経痛と神経痛にも使用可能。

レシピ2

〔材料〕

カレンジュラ浸出油
またはセント・ジョーンズ・ワート浸出油 20ml
チリ産ローズヒップ油 80ml、シーバックソーン油 40 滴
～精油～
ゼラニウムローザ（Pelargonium *graveolens*） 4滴
セージ（Salvia *officinalis*） 2滴
ワイルドキャロット（Daucus *carota*） 4滴

〔作り方〕材料をブレンドする。

〔使い方〕患部に数滴塗る。

セルライト

レシピ1

〔材料〕

セサミ油 500ml

セイヨウイボタ (Ligustrum *vulgare*) の乾燥花 80g

〔作り方〕 セイヨウイボタ浸出油を作る。セサミ油にセイヨウイボタの乾燥花を浸して、21日間、日当たりのよいところに置き、セイヨウイボタをよく搾ってから漉す。遮光瓶に移して、冷暗所で保管する。

〔使い方〕 朝晩、患部に数滴つけてマッサージする。

レシピ2

〔材料〕

ヘーゼルナッツ油 500ml

～精油～

シダーウッド（Cedrus *atlantica*）100滴

サイプレス（Cupressus *sempervirens*）100滴

レモン（Citrus *limonum*）100滴

〔作り方〕 すべての材料をブレンドする。

〔使い方〕 朝晩、患部に数滴つけてマッサージする。

抜け毛

レシピ1

〔材料〕

サンフラワー油 500ml

～精油～

イランイラン（Cananga *odorata totum*）30 滴

〔作り方〕材料をブレンドする。

〔使い方〕朝晩、頭皮に数滴つけて、マッサージする。

レシピ2

〔材料〕

オリーブ油 500ml

サザンウッド（Artemisia *abrotanum*）の生葉 500g

〔作り方〕サザンウッド浸出油を作る。オリーブ油にサザンウッド（材料の 1/3）を浸して、8日間、日当たりのよいところに置き、葉をよく漉してから同じ作業をもう2回繰り返す。繰り返すことで、油により多くの有効成分が出る。

〔使い方〕2日か3日に一度、頭皮につけてマッサージする。

傷跡

〔材料〕

シーバックソーン油またはペリラ油、チリ産ローズヒップ油、
カレンジュラ浸出油、オプンティアの種の油

〜精油〜

真正ラベンダー（Lavandula *angustifolia*）数滴
ローレル（Laurus *nobilis*）数滴
ワイルドキャロット（Daucus *carota*）数滴
ニアウリ（Melaleuca *quinquenervia*）数滴

〔作り方〕 上記の植物油のなかから好みのものを選びブレンドし、各精油を数滴ずつ加える。

〔使い方〕 1日数回、患部に数滴塗る。

日焼け用

〔材料〕

オリーブ油 250ml
ジャーマンカモミール（Matricaria *chamomilla*）の乾燥花 30g

〔作り方〕 ジャーマンカモミール浸出油を作る。オリーブ油にジャーマンカモミールの乾燥花を浸けて、30日間日当たりのよいところに置き、ジャーマンカモミールをよく搾ってから漉す。遮光瓶に移して、冷暗所で保管する。

〔使い方〕 朝晩、患部に数滴つけて、軽く塗る。

赤鼻

〔材料〕

タマヌ油 40ml、チリ産ローズヒップ油 40ml

カレンジュラ浸出油 20ml

～精油～

マスチックトゥリー（Pistacia *lentiscus*） 4 滴

ローズウッド（Aniba *rosaeodora*） または

ローマンカモミール（Chamaemelum *nobile*） 4 滴

ヘリクリサム（Helichrysum *italicum*） 6 滴

〔作り方〕 すべての材料をブレンドする。

〔使い方〕 朝晩、患部に薄く塗る。

あかぎれ

レシピ 1

〔材料〕

チリ産ローズヒップ油 100ml

～精油～

ロックローズ（Cistus *ladaniferus*） 50 滴

真正ラベンダー（Lavandula *angustifolia*） 50 滴

〔作り方〕 すべての材料をブレンドする。

〔使い方〕 朝晩、患部に数滴塗る。

レシピ2

〔材料〕

オリーブ油１L

ユリ（Lilium *candidum*）の生花500g、安息香５g

〔作り方〕ユリ浸出油を作る。オリーブ油にユリの生花（材料の1/3）を刻んで入れ、安息香を加えて15日間、日当たりのよいところに置く。漉してから同じ作業をもう２回繰り返すが、安息香は付加しない。

〔使い方〕必要に応じて、患部にオイルパックする。

レシピ3

〔材料〕

スィートアーモンド油またはアルガン油

〔作り方〕単体で使用可能。

〔使い方〕痒みがあるとき、患部に数滴塗る。

膀胱炎

〔材料〕

サンフラワー油250ml

～精油～

サンダルウッド（Santalum *album*）50滴

〔作り方〕すべての材料をブレンドする。

〔使い方〕 下腹部に塗り、マッサージする。

ダルトル（湿疹、乾癬などの皮膚疾患）

レシピ1

〔材料〕

スィートアーモンド油

〔作り方〕 単体で使用可能。

〔使い方〕 患部に数滴、軽く塗る。

レシピ2

〔材料〕

オリーブ油 250ml

エリカ（Calluna *vulgaris*）の花穂がついた茎の先端

〔作り方〕 エリカ浸出油を作る。オリーブ油にエリカの花穂がついた茎の先端を浸して、15日間、日当たりのよいところに置き、エリカをよく搾ってから漉す。遮光瓶に移して、冷暗所に保管する。

〔使い方〕 1日数回、患部に塗る。

レシピ3

〔材料〕

ウィートジャーム油 100ml

～精油～

ゼラニウムローザ（Pelargonium *graveolens*）20 滴

ワイルドキャロット（Daucus *carota*）20 滴

〔作り方〕すべての材料をブレンドする。

〔使い方〕朝晩、患部に数滴塗る。

皮膚疾患

レシピ1

〔材料〕

スィートアーモンド油

〔作り方〕単体で使用可能。

〔使い方〕必要に応じて、患部に数滴塗る。

レシピ2

〔材料〕

セサミ油 250ml

～精油～

ローマンカモミール（Chamaemelum *nobile*）50 滴

真正ラベンダー（Lavandula *angustifolia*）50 滴

ゼラニウムローザ（Pelargonium *graveolens*）50滴

〔作り方〕 すべての材料をブレンドする。

〔使い方〕 必要に応じて、患部に数滴塗る。

レシピ3

〔材料〕

アルガン油

〔作り方〕 単体で使用可能。

〔使い方〕 朝晩、患部に数滴塗る。

筋肉痛

レシピ1

〔材料〕

オリーブ油250ml

ジャスミン（Jasminum *officinale*）の生花100g

〔作り方〕 ジャスミン浸出油を作る。オリーブ油にジャスミンの生花を浸して、15日間、日当たりのよいところに置き、ジャスミンをよく搾ってから漉す。遮光瓶に移して、冷暗所に保管する。

〔使い方〕 必要に応じて、患部につけてマッサージする。

レシピ2

〔材料〕

サンフラワー油 250ml

～精油～

ウィンターグリーン（Gaultheria *procumbens*）100滴

ペパーミント（Mentha x *piperita*）20滴

真正ラベンダー（Lavandula *angustifolia*）50滴

ローレル（Laurus *nobilis*）50滴

〔作り方〕すべての材料をブレンドする。

〔使い方〕痛みがあるとき、患部に数滴つけてマッサージする。

湿疹

〔材料〕

ブラックカラントシード油 10ml

ブラッククミンシード油またはカレンジュラ浸出油 10ml

ウィートジャーム油 70ml

シーバックソーン油 20滴

～精油～

真正ラベンダー（Lavandula *angustifolia*）8滴

シダーウッド（Cedrus *atlantica*）5滴

パルマローザ（Cymbopogon *martinii*）5滴

〔作り方〕すべての材料をブレンドする。

〔使い方〕患部に薄く塗る。

紅斑

〔材料〕

サンフラワー油、セサミ油、スィートアーモンド油のいずれか

〔作り方〕 単体で使用可能。

〔使い方〕 患部に数滴塗る。

床ずれ

レシピ1

〔材料〕

セサミ油 500ml

セイヨウイボタ（Ligustrum *vulgare*）の乾燥花 80g

〔作り方〕 セイヨウイボタ浸出油を作る。セサミ油にセイヨウイボタの乾燥花を浸して、21日間、日当たりのよいところに置き、セイヨウイボタをよく搾ってから漉す。遮光瓶に移して、冷暗所で保管する。

〔使い方〕 1日数回、患部に数滴をつけてマッサージする。

レシピ2

〔材料〕

スィートアーモンド油 200ml

～精油～

ローレル（Laurus *nobilis*）50滴

ニアウリ（Melaleuca *quinquenervia*）50滴

ロックローズ（Cistus *ladaniferus*）50滴

〔作り方〕 材料をすべてブレンドする。

〔使い方〕 1日数回、患部に数滴をつけてマッサージする。

まぶた脆弱

〔材料〕

スィートアーモンド油

〔作り方〕 単体で使用可能。

〔使い方〕 1日数回、患部に薄く塗る。

疥癬

〔材料〕

サンフラワー油100ml

～精油～

ティートゥリー（Melaleuca *alternifolia*）15滴

モロッコカモミール（Ormenis *mixta*）25滴

〔作り方〕 すべての材料をブレンドする。

〔使い方〕 1日数回、または痒みがあるとき、患部に塗る。

ひび割れ

レシピ1

〔材料〕

スィートアーモンド油

〔作り方〕 単体で使用可能。

〔使い方〕 患部に塗る。

レシピ2

〔材料〕

オリーブ油1L

ユリ（Lilium *candidum*）の生花500g、安息香5g

〔作り方〕 ユリ浸出油を作る。オリーブ油にユリの生花（材料の1/3）を刻んで入れ安息香を加える。15日間、日当たりのよいところに置き、ユリを漉してから同じ作業を3回繰り返すが、安息香は付加しない。

〔使い方〕 患部に数滴つけて、マッサージする。

レシピ3

〔材料〕

ケシ油500ml

ワイルドストロベリー（Fragaria vesca）の生葉60g

〔作り方〕 ワイルドストロベリー浸出油を作る。ケシ油にワイルドストロベリーの生葉を浸し、3週間、日当たりのよいところに置き、ワイルドストロベリーの生葉をよく搾ってから漉す。遮光瓶に移して、冷暗所で保管する。

痛風

レシピ1

〔材料〕

オリーブ油 500ml

ローマンカモミール（Chamaemelum *nobile*）の生花 80g

〔作り方〕 ローマンカモミール浸出油を作る。オリーブ油にローマンカモミールの生花を浸して、3週間、日当たりのよいところに置き、ローマンカモミールをよく搾ってから漉す。遮光瓶に移して、冷暗所に保管する。

〔使い方〕 必要に応じて、患部に軽く塗る。

レシピ2

〔材料〕

オリーブ油 100ml

サッサフラス（Sassafras *officinalis*）30 滴

〔作り方〕 すべての材料をブレンドする。

〔使い方〕 必要に応じて、患部に数滴塗る。

炎症

〔材料〕

タマヌ油

〔作り方〕 単体で使用可能。

〔使い方〕 必要に応じて、患部に数回塗る。

乾燥手

〔材料〕

サンフラワー油またはセサミ油 100ml

～精油～

レモン（Citrus *limonum*）60 滴

〔作り方〕 材料をすべてブレンドする。

〔使い方〕 1日数回、ハンドマッサージする。

片頭痛

レシピ1

〔材料〕

オリーブ油 500ml

ローマンカモミール（Chamaemelum *nobile*）の生花 80g

〔作り方〕ローマンカモミール浸出油を作る。オリーブ油にローマンカモミールの生花を浸して、3週間、日当たりのよいところに置き、ローマンカモミールをよく搾ってから漉す。遮光瓶に移して、冷暗所に保管する。

〔使い方〕後頭部につけてマッサージする。

レシピ2

〔材料〕

～精油～

ペパーミント（Mentha x *piperita*）数滴

〔作り方〕単体で使用可能。

〔使い方〕植物油で希釈したペパーミント精油を数滴、痛部へ直接塗る。

神経痛

〔材料〕

オリーブ油 250ml

ジャーマンカモミール（Matricaria *chamomilla*）の乾燥花 30g

〔作り方〕ジャーマンカモミール浸出油を作る。オリーブ油にジャーマンカモミールの乾燥花を浸して、30日間日当たりのよいところに置き、ジャーマンカモミールをよく搾ってから漉す。遮光瓶に移して、冷暗所で保管する。

〔使い方〕痛みがあるとき、患部に数滴つけて、軽く塗る。

歯周病

〔材料〕

オリーブ油　数滴

〔作り方〕単体で使用可能。

〔使い方〕患部にオリーブ油を塗り、日常的にマッサージをする。サンフラワー油を用いたマウスウォッシュ（口内洗浄）もおすすめ。

シラミ寄生症

〔材料〕

オリーブ油 100ml

～精油～

モロッコカモミール（Ormenis *mixta*）80 滴

スパイクラベンダー（Lavandula *latifolia*）20 滴

〔作り方〕材料をすべてブレンドする。

〔使い方〕毎日頭皮に塗り、マッサージしたあと、シャンプーする。頭皮につける時間は約 30 分から 1 時間。つけたまま、寝るのもよい。

創傷

〔材料〕

オリーブ油

セント・ジョーンズ・ワート（Hypericum *perforatum*）の生花

ともに任意の量

〔作り方〕セント・ジョーンズ・ワート浸出油を作る。瓶いっぱいにセント・ジョーンズ・ワートを入れて、ひたひたになるまでオリーブ油を注ぐ。21日間、日当たりのよいところに置き、セント・ジョーンズ・ワートをよく搾ってから漉す。遮光瓶に移して、冷暗所で保管する。

〔使い方〕患部に数滴塗る。リウマチや通風の痛み、および坐骨神経痛と神経痛にも使用可能。

乾癬

〔材料〕

スィートアーモンド油200ml

～精油～

ローレル（Laurus *nobilis*）50滴

真正ラベンダー（Lavandula *angustifolia*）50滴

タイム・リナロール（Thymus *vulgaris linaloliferum*）80滴

ロックローズ（Cistus *ladaniferus*）80滴

〔作り方〕材料をすべてブレンドする。

〔使い方〕患部に数滴塗る。

リウマチ

レシピ1

〔材料〕

オリーブ油 500ml

ローマンカモミール（Chamaemelum *nobile*）の生花 80g

〔作り方〕ローマンカモミール浸出油を作る。オリーブ油にローマンカモミールの生花を浸して、3週間、日当たりのよいところに置き、ローマンカモミールをよく搾ってから濾す。遮光瓶に移して、冷暗所に保管する。

〔使い方〕患部に塗る。

レシピ2

〔材料〕

オリーブ油 500ml

エリカ（Calluna *vulgaris*）の生花 120g

〔作り方〕エリカ浸出油を作る。オリーブ油にエリカの生花を浸して、日当たりのよいところに 15 日間置き、エリカをよく搾ってから濾す。遮光瓶に移して、冷暗所に保管する。

〔使い方〕患部に数滴を塗る。

レシピ3

〔材料〕

オリーブ油 250ml

真正ラベンダー（Lavandula *angustifolia*）の生花 100g

〔作り方〕オリーブ油に真正ラベンダーの生花を浸して、21 日間、日当たりのよいところに置き、真正ラベンダーをよく搾って から漉す。遮光瓶に移して、冷暗所に保管する。

〔使い方〕患部に塗る。

レシピ4

〔材料〕

アルガン油またはタマヌ油 100ml

～精油～

ローズマリー・カンファー（Rosmarinus *officinalis camphoriferum*）30 滴

〔作り方〕すべての材料をブレンドする。

〔使い方〕患部に塗る。

普通脊椎性坐骨神経痛

〔材料〕

オリーブ油 1L

リラ（Syringa *vulgaris*）の生花 400g

〔作り方〕 オリーブ油にリラの生花を浸して、3週間、日当たりのよいところに置き、リラをよく搾ってから漉す。遮光瓶に移して、冷暗所に保管する。

〔使い方〕 神経に沿って、長時間マッサージをする。

椎間円板の圧縮

〔材料〕

オリーブ油

セント・ジョーンズ・ワート（Hypericum *perforatum*）の生花

ともに任意の量

〔作り方〕 セント・ジョーンズ・ワート浸出油を作る。遮光瓶いっぱいにセント・ジョーンズ・ワートを入れて、ひたひたになるまでオリーブ油を注ぐ。21日間、日当たりのよいところに置き、セント・ジョーンズ・ワートをよく搾ってから漉す。遮光瓶に移して、冷暗所で保管する。

〔使い方〕 日常的に脊椎の傍をマッサージする。

静脈瘤

レシピ1

〔材料〕

オリーブ油

セント・ジョーンズ・ワート（Hypericum *perforatum*）の生花

ともに任意の量

〔作り方〕 セント・ジョーンズ・ワート浸出油を作る。瓶がいっぱいになるぐらいセント・ジョーンズ・ワートを入れて、ひたひたになるまでオリーブ油を注ぐ。21日間、日当たりのよいところに置き、セント・ジョーンズ・ワートをよく搾ってから漉す。遮光瓶に移して、冷暗所で保管する。

〔使い方〕 朝晩、患部にやさしく塗る。

レシピ2

〔材料〕

タマヌ油

〔作り方〕 単体で使用可能。

〔使い方〕 1日数回、数滴を患部に軽く塗る。

レシピ3

〔材料〕

オリーブ油 250ml

～精油～

サイプレス（Cupressus *sempervirens*）80滴

ロックローズ（Cistus *ladaniferus*）80滴

真正ラベンダー（Lavandula *angustifolia*）50滴

〔作り方〕 すべての材料をブレンドする。

〔使い方〕 朝晩、数滴を患部に軽く塗る。

蕁麻疹

〔材料〕

オリーブ油

〔作り方〕 単体で使用可能。

〔使い方〕 痒みがあるとき、数滴を患部に塗る。

マウスウォッシュ （植物油での口内洗浄）

〔材料〕

冷温圧搾法で採油した高品質のオーガニックサンフラワー油

小さじ 1

〔作り方〕 単体で使用可能。

〔使い方〕 サンフラワー油を口にふくみ、20 分間、歯の間や口腔の隙間を通して洗う。けっして飲みこまないように注意する。最初、油はねっとりとしているが、唾液と混ざることでなめらかになり、口内に満ちていく。多量の植物油を口にふくむと、その一部を飲みこんでしまう可能性があるので、ごくわずかな量を使うこと。吐き出した乳白色の液体には口内にいた多くの微生物がふくまれている。従って、植物油は飲みこまずに、必ず吐き出すこと。吐き出したらうがいをして、うがい水もすべて吐き出す。最後に丁寧に歯を磨く。

※ これは、ウクライナでカラッハ医師によって考案された、口内洗浄方

法です。カラッハ医師は、関節炎、気管支炎、がん、湿疹、慢性疲労、不眠症、歯痛、頭痛、神経痛、静脈炎、心臓血管・婦人科器官・腸管・神経・肺・腎臓の障害など多くの疾患に対する処置や、処置の補完として、この口内洗浄法を活用しています。植物油を用いたこの方法により大量の微生物を口内から排除できると同時に、一部の細胞の再形成や腐生菌の微生物叢を保つことができます。口内洗浄はこの微生物叢を保ちつつ、生体の状態の維持に寄与しているのです。

吐き出された植物油を顕微鏡で分析してみると、多くの微生物を観察することができます。

この植物油を使った口内洗浄法は、簡単に実行できるうえに上記のような疾患の予防となるため、体力維持のための１つの方法として活用できます。

Recettes de beauté
美容処方集

フェイシャルケア用のオイルブレンド

不調対策リスト（66～71ページ）で紹介した植物油はすべて、顔や首への軽いマッサージに使うことができます。

アイメイク落とし

〔材料〕

カスター油、スィートアーモンド油、ホホバ油のいずれか

〔作り方〕 単体で使用可能。

〔使い方〕 植物油をコットンにつけて、アイメイクを丁寧に軽くふき取る。

顔のメイク落とし

〔材料〕

オリーブ油、スィートアーモンド油、セサミ油、
ホホバ油のいずれか

〔作り方〕 単体で使用可能。

〔使い方〕 植物油をコットンにつけて、丁寧に顔に塗って、メイクと混じりあうように軽くマッサージし、きれいなコット

ンでふき取る。

組織再生用のフェイスオイル

〔材料〕

チリ産ローズヒップ油 150ml

赤いローズ（Rosa *gallica officinalis*）の花びら 40g

～精油～

ダマスクローズ（Rosa *x damascena*） 8滴

ローズウッド（Aniba *rosaeodora*） 4滴

〔作り方〕 ローズ浸出油を作る。チリ産ローズヒップ油と赤いローズの花びらを瓶に入れる。7日間、日当たりのよいところに置き、花びらをよく搾って漉してから精油を加える。遮光瓶に移して、冷暗所で保管する。

シワ防止オイル

〔材料〕

オプンティアの種の油 20ml

カメリア油またはシシンブリウム油 20ml

ブラックカラントシード油またはブラッククミンシード油 20ml

ヘンプシード油またはチリ産ローズヒップ油 20ml

シーバックソーン油 30滴

～精油～

ネロリ（Citrus *aurantium* var. *Amara flower*） 6滴

ティートゥリー（Melaleuca *alternifolia*）6滴
ゼラニウムローザ（Pelargonium *graveolens*）4滴
ワイルドキャロット（Daucus *carota*）4滴

〔作り方〕すべての精油と植物油をよくブレンドする。
〔使い方〕寝る前に顔や首に塗り、慎重に長い時間をかけてマッサージする。

オールスキン用フェイスオイル

〔材料〕

ウィートジャーム油、アルガン油、
イブニングプリムローズ油のいずれか 50ml
チリ産ローズヒップ油 100ml
ホホバ油またはボリジ油 50ml
～精油～
ローズウッド（Aniba *rosaeodora*）10滴
ワイルドキャロット（Daucus *carota*）20滴
真正ラベンダー（Lavandula *angustifolia*）10滴
ゼラニウムローザ（Pelargonium *graveolens*）10滴

〔作り方〕すべての材料をブレンドする。
〔使い方〕顔に塗る。

シワ・シミ・赤鼻予防

〔材料〕

ホホバ油 150ml

ユリ（Lilium *candidum*）の生花 50g

～精油～

イランイラン（Cananga *odorata totum*）

ゼラニウムローザ（Pelargonium *graveolens*）

ダマスクローズ（Rosa *damascena*）のいずれか 4 滴

〔作り方〕 みじん切りにしたユリの生花とホホバ油を瓶に入れ、日当たりのよいところに７日間寝かせておく。その後、ユリを搾って取り出し、精油を加える。

〔使い方〕 シワ、シミの部分や赤鼻に塗る。顔の若さを保ち、シワの出現を予防するのに最適な油。傷や火傷、日焼けなどのトラブルに使用したいときには、ホホバ油の代わりにオリーブ油やセサミ油を使用するとよい。ユリには、傷の回復を促す効果があるアラントインが豊富にふくまれている。

美肌のための黄金色フェイスオイル

〔材料〕

チリ産ローズヒップ油 150ml

～精油～

ワイルドキャロット（Daucus *carota*）40 滴

プチグレン（Citrus *aurantium* var. *amara leaf*）15 滴

〔作り方〕すべての材料をブレンドする。

〔使い方〕顔に塗る。

ニキビ、黒ニキビなどがある オイリースキン用フェイスオイル

〔材料〕

ヘーゼルナッツ油 50ml、シシンプリウム油 50ml

グレープシード油 50ml

〜精油〜

シダーウッド（Cedrus *atlantica*） 4滴

レモン（Citrus *limonum*） 4滴

プチグレン（Citrus *aurantium* var. *amara leaf*） 4滴

〔作り方〕すべての材料をブレンドする。

〔使い方〕メイク落としをしたあとや、メイクをする前に顔に塗る。

アンチエイジング用フェイスオイル（肌の再生、老化防止）

〔材料〕

イブニングプリムローズ油 50ml、ボリジ油 50ml

チリ産ローズヒップ油 50ml、ホホバ油 50ml

〜精油〜

サイプレス（Cupressus *sempervirens*） 3滴

イランイラン（Cananga *odorata totum*） 3滴

ゼラニウムローザ（Pelargonium *graveolens*） 2滴

真正ラベンダー（Lavandula *angustifolia*）４滴

〔作り方〕すべての材料をブレンドする。

〔使い方〕朝晩、丁寧に軽くマッサージする。

保湿用フェイスオイル

〔材料〕

シーバックソーン油 50ml、チリ産ローズヒップ油 50ml

ペリラ油 50ml

〜精油〜

ゼラニウムローザ（Pelargonium *graveolens*）６滴

ワイルドキャロット（Daucus *carota*）４滴

ローレル（Laurus *nobilis*）２滴

〔作り方〕すべての材料をブレンドする。

〔使い方〕３週間、寝る前に顔と首に塗り、一晩そのままにする。

デコルテや顔の美容パック用オイルブレンド

レシピ１　オールスキン用パック

〔材料〕

卵黄１個分、美容用ビネガーまたはレモン汁小さじ１、

ハチミツ小さじ１

〜植物油〜

チリ産ローズヒップ油大さじ１、ホホバ油大さじ１
イブニングプリムローズ油またはボリジ油大さじ２
〜精油〜
イランイラン（Cananga *odorata totum*）または
ダマスクローズ（Rosa *damascena*）３滴

〔作り方〕材料のすべての植物油と卵黄を、マヨネーズを作るのと同じようにゆっくり混ぜる。よく混ぜ合わせたら、レモン汁と精油、ハチミツを加えてさらに混ぜる。

〔使い方〕顔や首に塗って、30分間そのままにしたあとに洗い流して美容用オイルを塗る。

レシピ２　洗浄パック（オイリースキン用）

〔材料〕

タマヌ油大さじ１、ヘーゼルナッツ油大さじ１
グリーンクレイ大さじ１
フレーク状のビール酵母大さじ１
〜精油〜
ヘリクリサム（Helichrysum *italicum*）３滴
プチグレン（Citrus *aurantium var. amara leaf*）２滴

〔作り方〕すべての材料をブレンドする。

〔使い方〕顔や首にまんべんなく均一に塗る。20分間おいてから、洗い流してローションをつける。

レシピ3　シワ防止パック（ノーマル・ドライスキン用）

〔材料〕

ボリジ油大さじ１、オート麦粉大さじ１

生クリーム大さじ１、ハチミツ小さじ１

〜精油〜

ワイルドキャロット（Daucus *carota*）３滴

イランイラン（Cananga *odorata totum*）３滴

〔作り方〕すべての材料をブレンドする。

〔使い方〕顔や首にまんべんなく均一に塗る。20分間おいてから、洗い流してローションをつける。

ヘアーケア用オイルブレンド

定期的に頭皮を軽くマッサージし、植物油を毛髪に塗る。その後、温かいタオルで頭を覆い一晩そのままにしておいて、翌朝、シャンプーで洗い流す。ホホバ油、オリーブ油、アボカド油、カスター油、スィートアーモンド油のなかから毛髪のタイプに合う植物油を選ぶか、あるいは精油を加えて独自のより効果的な植物油を作る。

レシピ1　オイリーヘアー用オイルブレンド

〔材料〕

ホホバ油 200ml

～精油～

ユーカリ・グロブルス（Eucalyptus *globulus*）20 滴

ローズマリー・シネオール（Rosmarinus *officinalis cineoliferum*）20 滴

レモン（Citrus *limonum*）20 滴

〔作り方〕すべての材料をブレンドする。

〔使い方〕頭皮につけて、浸透させるように軽くマッサージする。あるいは、シャンプーをする前につけて、1時間または一晩おいてからシャンプーする。

レシピ2　オールヘアー用のオイルブレンド

〔材料〕

オリーブ油 200ml、ホホバ油 50ml

～精油～

ティートゥリー（Melaleuca *alternifolia*）20 滴

真正ラベンダー（Lavandula *angustifolia*）20 滴

ホワイトタイム（Thymus vulgaris *thujanoliferum*）20 滴

サンダルウッド（Santalum *album*）5 滴

〔作り方〕すべての材料をブレンドする。

〔使い方〕頭皮につけて、浸透させるように軽くマッサージする。あるいは、シャンプーをする前につけて、1時間または一晩おいてからシャンプーする。

レシピ3　傷んで乾燥している毛髪用のオイルブレンド

〔材料〕

タマヌ油 50ml、ホホバ油 50ml、カスター油 50ml

セサミ油 50ml

〜精油〜

真正ラベンダー（Lavandula *angustifolia*）10 滴

イランイラン（Cananga *odorata totum*）10 滴

ゼラニウムローザ（Pelargonium *graveolens*）10 滴

〔作り方〕すべての材料をブレンドする。

〔使い方〕頭皮から髪の毛の先までつけて、一晩そのままにしておく。翌朝、シャンプーで洗い流す。

レシピ4　コシやハリのないドライヘアー用オイルブレンド

〔材料〕

ペリラ油 20ml、ブラッククミンシード油 20ml

シーバックソーン油 10ml、ウィートジャーム油 100ml

〜精油〜

イランイラン（Cananga *odorata totum*） 4滴
タイム・リナノール（Thymus *vulgaris linaloliferum*） 2滴
パルマローザ（Cymbopogon *martinii*） 4滴

〔作り方〕 すべての材料をブレンドする。

〔使い方〕 頭皮から髪の毛の先までつけて、一晩そのままにしておく。翌朝、シャンプーで洗い流す。

レシピ5 毛髪用オイルトリートメント

〔材料〕

シーバックソーン油50ml、オリーブ油150ml
～精油～
ティートゥリー（Melaleuca *alternifolia*） 5滴
ローレル（Laurus *nobilis*） 5滴

〔作り方〕 すべての材料をブレンドする。

〔使い方〕 毛髪につけたあと、2～3時間経ったらシャンプーで洗い流す。一晩おくとより効果的。コシがないドライヘアーやカサカサした髪の毛に適している。ふけ防止にも使用可能。

レシピ6 ふけ防止用オイルブレンド

〔材料〕

スィートアーモンド油またはアルガン油200ml
ネトル（Urtica *dioica*）の生葉100g
～精油～

ローズマリー・シネオール（Rosmarinus *officinalis cineoliferum*）20 滴

〔作り方〕 ネトル浸出油を作る。植物油にネトルを浸し、10 日間、日当たりのよいところで保管する。ネトルをよく搾って漉してからローズマリー精油を加える。

レシピ7　髪にハリを与えるオイルブレンド

〔材料〕

シーバックソーン油、ホホバ油、
スィートアーモンド油のいずれか大さじ 2
卵黄（ドライヘアー）または卵（オイリーヘアー）1 個分
レモン汁小さじ 1
～精油～
ローズマリー・シネオール（Rosmarinus *officinalis cineoliferum*）
またはイランイラン（Cananga *odorata totum*）3 滴

〔作り方〕 すべての材料をブレンドする。
〔使い方〕 毛髪にまんべんなくつけて、1 時間後、シャンプーで洗い流す。

ボディケア用オイルブレンド

レシピ1　オイリースキン用オイルブレンド

〔材料〕

ヘーゼルナッツ油 100ml、ホホバ油 100ml
～精油～

ローレル（Laurus *nobilis*）10 滴
サイプレス（Cupressus *sempervirens*）10 滴
シダーウッド（Cedrus *atlantica*）10 滴

〔作り方〕すべての材料をブレンドする。
〔使い方〕肌に塗る。

レシピ2　トニックオイル

〔材料〕

オリーブ油またはスィートアーモンド油 100ml
セサミ油 100ml、チリ産ローズヒップ油 50ml
～精油～
ローズマリー・シネオール（Rosmarinus *officinalis cineoliferum*）20 滴
真正ラベンダー（Lavandula *angustifolia*）25 滴

〔作り方〕すべての材料をブレンドする。
〔使い方〕肌に塗る。

再生・活気作用オイルブレンド

（若さを取り戻すヴィタルオイルブレンド）

〔材料〕

ホホバ油 100ml
スィートアーモンド油またはセサミ油 100ml
アボカド油、タマヌ油、アルガン油のいずれか 50ml
ローズマリー（Rosmarinus *officinalis*）の生花 適量
ローズ（Rosa *gallica officinalis*）の生花 適量

ビターオレンジ（Citrus *aurantium*）の皮 適量
レモン（Citrus *limonum*）の皮 適量
～精油～
レモン（Citrus *limonum*）20 滴
真正ラベンダー（Lavandula *angustifolia*）10 滴
ゼラニウムローザ（Pelargonium *graveolens*）10 滴

〔作り方〕植物油をブレンドし、そのなかにすべての植物（花とレモンの皮、ビターオレンジの皮）を浸す。日当たりのよいところに 21 日間置いておく。植物を濾したあと、精油を加える。

〔使い方〕肌に塗る。フェイスオイルとしても使用可能。

セルライト用オイルブレンド

〔材料〕

セサミ油、サンフラワー油、オリーブ油のいずれか 200ml
～精油～
パルマローザ（Cymbopogon *martinii*）30 滴
サイプレス（Cupressus *sempervirens*）30 滴
シダーウッド（Cedrus *atlantica*）30 滴
レモン（Citrus *limonum*）30 滴

〔作り方〕すべての材料をブレンドする。

〔使い方〕お風呂上がりやシャワーのあと、朝晩に体に塗る。ナチュラルボディブラシを使用するとより効果的。

線状皮膚萎縮改善オイルブレンド

〔材料〕

チリ産ローズヒップ油、アボカド油、マカダミアナッツ油、

イブニングプリムローズ油、ボリジ油、タマヌ油のいずれか

※ 単独でもブレンドしても使用可能。作用を高めるには以下の精油とブレンドする。

〜精油〜

真正ラベンダー（Lavandula *angustifolia*）適量

サイプレス（Cupressus *sempervirens*）適量

レモン（Citrus *limonum*）適量

ローズマリー・シネオール（Rosmarinus *officinalis cineoliferum*）適量

またはシダーウッド（Cedrus *atlantica*）適量

〔作り方〕 すべての材料をブレンドする。

〔使い方〕 患部をマッサージする。

足の疲れ用オイルブレンド

（むくみ、疲れ、循環不全やむずむず脚症候群〈レストレスレッグス症候群〉）

〔材料〕

セサミ油またはオリーブ油 200ml

〜精油〜

レモン（Citrus *limonum*）20 滴

サイプレス（Cupressus *sempervirens*）20 滴

ヘリクリサム（Helichrysum *italicum*）20 滴

ペパーミント（Mentha x *piperita*）20 滴

真正ラベンダー（Lavandula *angustifolia*）30 滴

〔作り方〕 すべての材料をブレンドする。

〔使い方〕 あおむけになって足を真っ直ぐのばし、足先からももの付根まで心臓に向かってオイルをのばしてゆっくりエフルラージュをおこなう。やさしく滑らせるようにマッサージする。マッサージが終わったあとは、しばらく足を上にして、そのまま、寝てもかまわない。

引き締め効果のあるオイルブレンド

〔材料〕

ヘーゼルナッツ油、レイプシード油、
セサミ油のいずれか 60ml
シシンブリウム油 20ml、ブラックカラントシード油 20ml
シーバックソーン油 30 滴
〜精油〜
パルマローザ（Cymbopogon *martinii*）5 滴
ラビンサラ（Cinnamomum *camphora cineoliferum*）5 滴
ゼラニウムローザ（Pelargonium *graveolens*）5 滴

〔作り方〕 すべての材料をブレンドする。

〔使い方〕 体に塗る。

ハンドケア用オイルブレンド

レシピ１　乾燥肌の再生オイルブレンド

〔材料〕

マカダミアナッツ油またはアルガン油 100ml

カスター油 100ml

カレンジュラ（Calendula *officinalis*）の生花 80g

〜精油〜

真正ラベンダー（Lavandula *angustifolia*）10 滴

レモン（Citrus *limonum*）15 滴

〔作り方〕 植物油にカレンジュラの生花を入れて、15 日間浸しておく。花を搾って漉したあと、精油を加える。

〔使い方〕 手に適量塗る。抗炎症作用と引き締める作用のある成分をふくんでいるので、手の霜焼けやあかぎれの痛みを鎮める。ざらざらした肌もなめらかにする。

レシピ２　コスメグローブ用ハンドクリーム

〔材料〕

スィートアーモンド油、オリーブ油、

カスター油のいずれか大さじ４

ローズやハマメリスの蒸留水 20g

卵黄２個分、安息香 10g

〜精油〜

真正ラベンダー（Lavandula *angustifolia*）３滴

またはレモン汁大さじ１

〔作り方〕植物油と卵黄を混ぜ、蒸留水、安息香、レモン汁を加える。

〔使い方〕古い手袋（革製か木綿製）を裏返して、でき上がったハンドクリームに浸けて温かいところで乾燥させる。寝るときにこの手袋をはめて、そのまま一晩過ごす。翌朝、手袋をはずして手作り石鹸で手を洗って、よく乾かす。このコスメグローブは最高のハンドケアであり、昔の女性も手のやわらかさと美しさを保つため、このコスメグローブを頻繁に使用していた。

レシピ3　割れやすい爪用のオイルブレンド

〔材料〕

カスター油、オリーブ油、
スィートアーモンド油のいずれか 100ml
レモン汁１個分
〜精油〜
レモン（Citrus *limonum*）10 滴

〔作り方〕小さい鍋に植物油とレモン汁と精油を入れて温める。

〔使い方〕温めたブレンドオイルに爪を 15 〜 20 分間浸けておく。これを週に１回か２回おこなう。このブレンドは数回使えるので保存しておく。

日光浴用オイルブレンド

太陽光は生体や皮膚にとって非常に有益です。ビタミンDの合成や防御反応を刺激し、赤血球の生成を活性化、さらには私たちを幸福感で満たしてくれます。ホホバ油、オリーブ油、セサミ油は太陽光線を吸収し、私たちの皮膚を守ってくれますし、肌をきれいに焼いてくれます。しかし日光浴をしているときには、頻繁にオイルを塗り直すことを忘れないことと、浴びすぎないようにすることが大切です（特に色白肌の人は注意が必要です）。基本的な注意事項も守らなければなりません（日差しを少しずつ受けるようにすること。日光浴は春や秋におこない、高温の時間帯を避けること）。以下のオイルブレンドを使用するとより効果的になります。

注意：皮膚組織が太陽光線にさらされると、多くの変性や老化の現象に係わるフリーラジカルが大量に生成されます。このため、抗フリーラジカル作用や抗酸化作用のある植物油を皮膚に塗ったり摂取することで、フリーラジカルの生成が妨害され、皮膚組織はやわらかで弾力性のあるものになります。一部の植物油の皮膚に対する保護指数はかなり高いので、皮膚のタイプに合った植物油をサンフィルターやサンスクリーンとして使い、過剰な日光浴によるリスクから皮膚を守ることはとても重要であることを、ここで強調しておきます。

レシピ1　サンスクリーンオイル

〔材料〕

オリーブ油50ml、セサミ油またはタマヌ油50ml

アボカド油100ml

〜精油〜

イランイラン（Cananga *odorata totum*）10滴

〔**作り方**〕すべての材料をブレンドする。

レシピ2　日焼けオイル

以下の３つから好みのものを使用する。

〔**材料**〕

セサミ油またはアボカド油 100ml

オリーブ油 100ml

クリーピングタイム（Thymus *serpyllum*）の花穂付き茎の先端 適量

〔**作り方**〕クリーピングタイム浸出油を作る。クリーピングタイムの花穂付き茎の先端をガラス瓶に入れ、植物油をひたひたになるまで注ぐ。最低10日間、日当たりのよいところに置いたあとに、クリーピングタイムをよく搾って漉す。遮光瓶に移して、冷暗所で保管する。

〔**材料**〕

オリーブ油、セサミ油、ホホバ油のいずれか 100ml

牛乳大さじ２、レモン汁大さじ３

〔**作り方**〕小さな瓶にすべての材料を入れて、強く振る。

〔**材料**〕

セサミ油 50ml、アボカド油 50ml、ホホバ油 50ml

オリーブ油 50ml

～精油～

ワイルドキャロット（Daucus *carota*）６滴

プチグレン（Citrus *aurantium* var. *amara leaf*）６滴

〔**作り方**〕 すべての材料をブレンドする。

レシピ3　サンオイル

〔**材料**〕

ウィートジャーム油50ml、シーバックソーン油50滴

セサミ油100ml

～精油～

真正ラベンダー（Lavandula *angustifolia*）６滴

〔**作り方**〕 すべての材料をブレンドする。

〔**使い方**〕 日光浴の前に顔と体に塗る。同時に、シーバックソーン（果実）油を内服する。

レシピ4　日光浴後に使用するオイルブレンド

太陽光で熱せられた皮膚に水分を補給したり、鎮めたりするために、鎮静作用や組織再生作用のある以下のいずれかのオイルが使用できます。オリーブ油、ユリ浸出油、アボカド油、イブニングプリムローズ油、ウィートジャーム油、ホホバ油、チリ産ローズヒップ油。

レシピ5　日焼け後のケア、火傷、皮膚の炎症用オイルブレンド

〔**材料**〕

オリーブ油またはスィートアーモンド油200ml

セント・ジョーンズ・ワート（Hypericum *perforatum*）の生花

〔作り方〕セント・ジョーンズ・ワートの生花をガラス瓶に入れ、植物油をひたひたになるまで注ぐ。最低21日間、日当たりのよいところに置いたあとに、セント・ジョーンズ・ワートをよく搾って漉す。

〔使い方〕背骨のところに塗布し、マッサージする。この浸出油を使用すると椎間板に有効に作用する。セント・ジョーンズ・ワートの花が満開になる6月に用意するとよい。

レシピ6　日光浴後の鎮痛用オイルブレンド

〔材料〕

セント・ジョーンズ・ワート浸出油 100ml
シーバックソーン油 50滴
～精油～
真正ラベンダー（Lavandula *angustifolia*）10滴
ラベンダー・ストエカス（Lavandula *stoechas*）5滴

〔作り方〕すべての材料をブレンドする。

〔使い方〕ヒリヒリ感のあるところに数滴を塗る。

バストライン用のオイルブレンド
（デージーの浸出油）

〔材料〕

スィートアーモンド油 100ml

チリ産ローズヒップ油またはアプリコットカーネル油 100ml
デージー（Bellis *perennis*）の生花 適量

〔作り方〕デージー浸出油を作る。デージーの生花をガラス瓶に入れ、植物油をひたひたになるまで注ぐ。最低21日間、日当たりのよいところに置いたあと、デージーを搾って漉す。ラベンダーかローズマリーあるいはイランイランのいずれかの精油を足すと、香りがよくなり、品質も高まる。

〔使い方〕バストをマッサージしながら浸出油を外側から内側へと塗る。乳輪や乳首に対しては細心の注意を払い、優しく塗るようにする。

マッサージ終了後に浸出油がしっかりと浸透したら、氷水に浸してよく絞ったタオルを数秒間だけバストに当てる。

デージーの浸出油はバストの完璧なラインを保持し、また取り戻すための最良の手段の１つです。

乳児向けのオイルとケア

スィートアーモンド油、ローズヒップ油、ホホバ油、オリーブ油、セサミ油は乳児に使うのにぴったりな植物油です。睡眠を誘発するようなリラックス作用や、鎮静作用があります。これらの植物油に真正ラベンダー油を数滴加えて乳児に塗り、体全体や顔にやわらかなマッサージやエフルラージュを施します。

乳児用抗軽度炎症用オイル　（おむつかぶれ、乾燥肌など）

〔材料〕

スィートアーモンド油 100ml

シーバックソーン果実油 30 滴

～精油～

真正ラベンダー（Lavandula *angustifolia*） 4 滴

〔作り方〕 すべての材料をブレンドする。

〔使い方〕 患部に軽く塗る。

Chapitre 8

第８章

Huiles végétales

植物油

解説と成分構成

作用・特性

適応症

美容利用

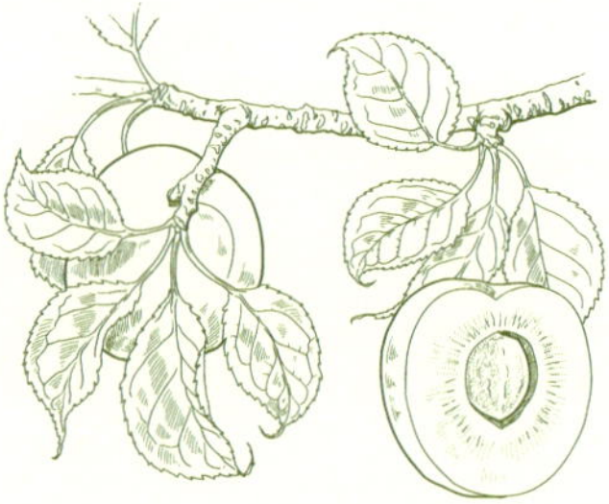

アプリコットカーネル油

学名

Prunus *armeniaca*

解説

アプリコットカーネル油は、アプリコットの果核にある小さな仁を冷温圧搾することによって抽出されます（果核からの低品質な油もある）。古くからフンザ族が料理や健康維持に利用しており、フェイシャルケアをはじめとした美容にも最適です。

アプリコットカーネル油のおもな成分構成

ポリ不飽和脂肪酸類	リノール酸	21.9 ～ 31.6%
モノ不飽和脂肪酸類	オレイン酸	62.1 ～ 71.8%
	パルミトレイン酸	0.4 ～ 0.8%
飽和脂肪酸類	パルミチン酸	4.6 ～ 7.6%
	ステアリン酸	0.2 ～ 1.3%

〔美容利用〕

少しオレンジがかった黄色のアプリコットカーネル油には、ビタミンAとリノール酸が非常に多くふくまれ、強壮、滋養、保湿、柔軟作用、活力回復、潤滑作用など、多くの効用があります。疲れて生気を失った、活力のない、艶のない肌にとってはまさに救世主であり、朝夕の常用クリームに代えてこの植物油を利用しない手はありません。また、夜に顔のマッサージに使用すると、より効果的です。浸透性が非常に高く、表皮に完全に吸収されますので、顔が「てかってしまう」という心配は無用です。肌に輝きと活力をもたらし、再生させて老化作用を遅らせます。注意して日光浴をするのであれば、日焼け防止用としても使用できます。美しい日焼けを望むのであれば、アプリコットカーネル油とイブニングプリムローズ油あるいはチリ産ローズヒップ油をブレンドしてサンオイルとして使用しましょう。

アボカド油（アボカド果肉の抽出分）

学名

Persea *gratissima*

解説

アボカドは栄養豊富な果物で、アボカド油にはレシチン、ビタミンA、B、C、D、E、H、K、ナイアシンなどがふくまれています。アステカや中央アメリカでは、食料だけでなく美容にも利用されていました。ヨウ素価は63～95で、非乾性油に区分されます。

アボカド油のおもな成分構成

ポリ不飽和脂肪酸類	リノール酸	10～15%	（ω6）
	α-リノレン酸	1～2%	（ω3）
モノ不飽和脂肪酸類	オレイン酸	45～75%	
飽和脂肪酸類	パルミチン酸	15～22%	
	パルミトレイン酸	5～12%	
	ステアリン酸	微量	
	アラキジン酸	微量	

〔美容利用〕

柔軟作用、再生作用、壮健作用のほか、保湿、皮膚の保護に優れたこの植物油は、細胞再生を促進させて皮膚に弾力性を与えます。そのため、シワのケア用のブレンドには欠かせません。フェイシャルケアでは乾燥した顔や弱くなった首や目の周りの肌に、ハンドケアでは、乾燥によるあかぎれやひび割れに効用を発揮し、ボディでは特に線状皮膚萎縮に対しても有効です。また、乾いて輝きを失った毛髪の手入れにも有効で、毛髪を強化し、伸びを促進させることができます。毛髪にたっぷりと塗り、タオルで覆って一晩おいて、朝起きたら軽くシャンプーをしましょう。顔に塗布すれば、太陽光や乾燥した風、そして冷気などの外部の悪作用から顔を保護してくれます。太陽光から皮膚を保護するには、オリーブ油と組み合わせて使用しましょう。

アルガン油

学名
Argania *spinosa*

解説

アトラス山脈のベルベル人は、数世紀前から料理や健康保持、そして美容のためにアルガン油を利用してきました。アルガン油が採れるアルガンツリーは非常に古くから存在している木で、おもにモロッコ南西の乾燥地帯の80万ヘクタールを超える広大な土地に育っています。

アルガンツリーの果実はウォールナッツ位の大きさで、その果肉の下には非常に殻が硬い堅果（アルガンナッツ）があり、そのなかに1～3個の仁が入っています。この仁にはヘーゼルナッツに似た味で非常になめらかな感触の油が最大で55%ふくまれています。その繊細な味はサラダや生野菜と非常によく合います。

アルガンツリーは最大で高さ10mにもなり、地域住民にとってはまさに宝物であり、経済的にも非常に重要な役割を果たしています。実際、アルガンツリーは油だけではなく、木や葉自体もすぐれているのです。木は木工や暖房に利用され、葉とパルプ質は飼葉として役立ち、搾りかすは動物のえさに使われています。

アルガン油には植物ステロールの一種であるショッテノールがふくまれているため、皮膚の修復作用や再生作用があり、火傷や皮膚疾患に有用です。80%の不飽和脂肪酸とともにビタミンEが豊富にふくまれているため、抗酸化の特性によって内用でも外用でも早年性老化肌を予防し、プロスタグランジンの合成をうながします。

アルガン油のおもな成分構成

ポリ不飽和脂肪酸類	リノール酸	37%
モノ不飽和脂肪酸類	オレイン酸	43%
飽和脂肪酸類	パルミチン酸	12～13%
	ステアリン酸	6%

〔作用・特性〕

抗アテローム形成、血中コレステロール降下、心臓血管系の保護作用、抗フリーラジカル作用、滋養作用、瘢痕形成作用、組織再生作用

〔適応症〕

リウマチ（マッサージする）、高コレステロール、早年性老化肌、アテローム性動脈硬化症、火傷、水痘、ニキビ、抜け毛、フケ

〔美容利用〕

アルガン油には皮膚の引き締め、軟化、滋養、保護、瘢痕形成作用などのほか、皮膚をなめらかにする作用があります。乾燥肌やシワ肌、あるいは生気のない肌やうるおいのない肌などは早年性老化肌に見られるトラブルですが、アルガン油はこのような肌に弾力としなやかさを与えます。そして外部からの悪い作用（太陽光や悪天候など）から肌を守ります。

また、ひび割れ、火傷、ニキビ跡や水痘跡に対して非常に効果的です。乾燥していて精彩のない毛髪を強くし、鮮やかさと輝きを取り戻します。そのほか、割れた爪を強くします。

イブニングプリムローズ油

学名

Oenothera *biennis*

解説

「ロバの野草（herbe aux anes）」とも呼ばれるイブニングプリムローズ（ツキミソウ）がヨーロッパに出現したのは17世紀になってからでした。果実を構成する小さな種子からは、おもにポリ不飽和脂肪酸からなる非常に薄い黄色の油が抽出されます。北アメリカが原産で、インディアンはこの油には数多くの効用があることを知っていました。リノール酸は生体内でγ-リノレン酸に変換され、そのあと連鎖的に、女性の月経サイクルなどにかかわるプロスタグランジンに変換されます。リノール酸はまた、細胞膜の生成にもかかわります。イブニングプリムローズ油を利用することにより、多くの不飽和脂肪酸が摂取され、血中コレステロール率が調節されて、脂質過剰にかかわるトラブルを避けることが可能となります。しかし、最も注目すべきなのは、イブニングプリムローズの月経障害に対する有効性です。女性の40％が、同障害に起因する頭痛、腹痛、体重増加、いらだち、神経過敏、うつ症などの症状に苦しんでいます。イブニングプリムローズ油を摂取すると、症状のあった女性の6割の人たちの症状が消滅しました。

※ 訳者注：日本では「月見草油」の名で販売されていることが多い。

イブニングプリムローズ油のおもな成分構成

ポリ不飽和脂肪酸類	リノール酸	71%
	リノレン酸（γ）	10%
モノ不飽和脂肪酸類	オレイン酸	8%
飽和脂肪酸類	パルミチン酸	7%
	ステアリン酸	2%

〔作用・特性〕

ホルモン系を調節、免疫防護の刺激（リンパ球の保全）

〔適応症〕

アルコール依存症、関節炎、高コレステロール、抜け毛、子供の活動亢進、高血圧、マストース、多発性硬化症、老化、月経前症候群（PMS）、心臓血管・皮膚（湿疹、乾癬、蕁麻疹）のトラブル

〔美容利用〕

イブニングプリムローズ油にはビタミンEが豊富にふくまれ、早年性老化から肌を守り、爪や毛髪の美しさを保ちます。細胞膜の再構成要素である必須脂肪酸のおかげで、この植物油には潤滑作用、活力回復、再構成、アンチエイジング、抗シワなど、重要な再生効用があります。実際には少なくとも２ヶ月間、規則的に塗ると皮膚の老化プロセスを遅らせることが確認できます（イブニングプリムローズとボリジのカプセルを同時に服用するとさらに効果的です）。

脂性肌、乾燥肌、普通肌、生気がない肌等にかかわらず、イブニングプリムローズ油は肌の保湿を調節し、外部の有害作用（太陽光、風、冷気、汚染）から肌を守り、また皮膚の老化に対しても効用があります。

インカインチ油

学名

Plukenetia *volubilis*

解説

インカインチは「インカ・ラッカセイ」や「インカの手」とも呼ばれ、ペルーアマゾン熱帯雨林に生育し、数世紀前からインカ人によって利用されてきました。小さな植物で非常に緑が濃く、トウダイグサ科でブドウによく似ているものの、単独では育ちません。成長するために木にひっかかったり、巻きついたりします。1980年代にアメリカの雑誌に取り上げられたことで、インカインチのナッツにはタンパク質（33%）と油分（54%）が豊富にふくまれていることが知られるようになりました。さらにこの油には不飽和脂肪酸類が驚くべき割合（93.7%）でふくまれており、そのうちの85.4%はポリ不飽和脂肪酸類で、この値はいま知られている油のなかでは最も高い値です。ヨウ素価は182で、乾性に区分されます。

インカインチ油のおもな成分構成

ポリ不飽和脂肪酸類	リノール酸（ω6）	36.80%
	α-リノレン酸（ω3）	48.60%
モノ不飽和脂肪酸類	オレイン酸	8.30%
飽和脂肪酸類	パルミチン酸	3.80%
	ステアリン酸	2.50%

〔**作用・特性**〕

血中コレステロール降下、免疫・血液循環・心臓血管・神経系の調節、目と脳に有効作用

〔**適応症**〕

動脈硬化症、喘息、糖尿病、心臓血管疾患、神経疾患、視力のトラブル、アレルギー、炎症現象、乾癬、疲労、うつ状態

ウィートジャーム油

学名
Triticum *vulgare*

解説

ウィートジャーム油は濃密で、黄褐色をしています。1Lの油を採るのに15tの小麦が必要なため原価は非常に高く、調理にこの油を常用することは現実的に不可能であることがわかります。しかし、ウィートジャームを30%ふくむブレンドオイルを事前に作っておけば、比較的気軽に貴重な含有成分であるビタミンA､D､E､Kを摂取することができます。ウィートジャームの効用は非常に多く、ミオパシー（筋障害）やデュピュイトラン拘縮のケアを助ける貴重な油です。ビタミンEとKがふくまれているので、それぞれ不妊､不感症またはインポテンツおよび凝固障害に有効です。ビタミンA、D、E、Kが豊富にふくまれているので、妊婦や授乳婦そして乳児にとってすばらしいサプリメントになるでしょう。唯一の欠点は非常に早く酸敗してしまうことです。また、この油と同じ効用は胚芽麦にもあり、取得がより簡単で原価も低いので、場合によって使いわけるとよいでしょう。

ウィートジャーム油のおもな成分構成

ポリ不飽和脂肪酸類	リノール酸	53%
	リノレン酸	7%
モノ不飽和脂肪酸類	オレイン酸	30%
飽和脂肪酸類	パルミチン酸	5%
	ステアリン酸	2%
	アラキジン酸	1%

〔作用・特性〕

抗貧血作用、疲労防止、不妊症対策、発育助長、細胞酸素吸入の促進、心臓・神経系の保護、ミネラル補給作用、活力の回復

〔適応症〕

ミネラル不足、栄養失調、不感症、インポテンツ、神経過敏、くる病、老化、記憶・心臓・血液の障害

〔美容利用〕

再生作用、滋養作用、抗シワ作用があり、脱水肌に効果的

ウォールナッツ油

学名
Juglans *regia*

解説

アジア由来のクルミ（ウォールナッツ）は、あらゆる地域の気候に適応するため、どこでも育てることができます。果実は固い殻をもつ石果で、風味がよく黄緑色の油が得られます。この油は簡単に酸敗してしまいますが、ポリ不飽和脂肪酸が豊富で、血中コレステロール降下と抗アテローム作用があります。心臓血管にかかわるあらゆるトラブルに作用するとともに、予防もできます。若干の緩下作用や瀉下作用があり、条虫類対策には非常に効果的です。スィートアーモンド油と組み合わせると、腎結石の溶解を助けます。さまざまな特性のなかに、神経細胞や脳細胞の保護作用および抗貧血や抗くる病の効用があります。ウォールナッツ油は子供にとって特上の補助食品なのです。リノレン酸とビタミンAが豊富にふくまれていることも、注目すべき特徴です。

ウォールナッツ油のおもな成分構成

ポリ不飽和脂肪酸類	リノール酸	55%
	リノレン酸	13%

モノ不飽和脂肪酸類	オレイン酸	21%
飽和脂肪酸類	パルミチン酸	5%
	ステアリン酸	3%

〔作用・特性〕

駆虫作用、抗貧血作用、抗結石作用、抗くる病、緩下作用、滋養作用、神経系と脳細胞の保護、瀉下作用

〔適応症〕

ニキビ、貧血、腎結石、高コレステロール、便秘、糖尿病、遺尿症、腸内寄生虫（条虫類）、成長・精神・心臓血管の障害

オリーブ油

学名
Olea *europaea*

解説

オリーブは中央アジア由来の植物で、今日では地中海沿岸や南アフリカ、中央アメリカなどで広く栽培されています。収穫後、熟成した果実を圧搾しますが、そのときに抽出された植物油は透明感があって、色は少し緑がかった黄色です。とても消化しやすく、果汁としての香りや味を楽しむことができるので、もっと一般的に消費されるべきです。現在、オリーブ油は売られている植物油のなかでは珍しい、一番搾りの植物油の１つです。とはいえ、品質の低いものも出回っているので、きちんと選ばないといけません。エクストラ・ヴァージン・オイルと呼ばれるオリーブ油だけは、酸度等に関して求められる条件（酸度0.5%以下）を満たしている高品質な植物油です。ファイン・ヴァージン・オイルと中ファインヴァージン・オイルの酸度はそれぞれ1.5%と3%以下になっています。

最後に、植物油用の果実は有機栽培されたものでなければなりません。定期的にオリーブ油を摂取すると、体内の脂肪の蓄積を防ぐことができますし、アテローム性動脈硬化症や動脈硬化を予防します。オリーブ油は鎮静作用、胆汁分泌促進作用、利胆作用と軽度の緩下作用があって、肝臓と腎臓のトラブル時には特に推奨されています。この特性から考えると、オリーブ油は消化トラブル、とりわけ胃腸のトラブル（過塩酸症にともなう消化不良の場合）に最適です。糖尿病の食生活に、オリーブ油はウォールナッツ油やサンフラワー油と交互に摂取するよう推奨されています。これは体内に脂肪が溜まるのを防ぐためです。オリーブ油にはポリ不飽和脂肪酸が少ないのですが、貴重なビタミン（A、D、E、K）が多くふくまれています。

オリーブ油のおもな成分構成

ポリ不飽和脂肪酸類	リノール酸	7%
	アラキドン酸	2%
	リノレン酸	0.5%
モノ不飽和脂肪酸類	オレイン酸	74%
	パルミトレイン酸	0.5%
飽和脂肪酸類	パルミチン酸	10%

〔作用・特性〕

鎮静作用、抗アテローム作用、胆汁の分泌促進、胆汁の排泄を助長、エモリエント作用、緩下作用、肌と皮膚付属体（毛、歯、爪など）への栄養付与

〔適応症〕

動脈硬化症、胆石、胆石疝痛と腎疝痛、大腸炎、便秘、糖尿病、消化不良、湿疹、全身疲労、動脈硬化と骨粗鬆症の予防、乾癬

〔美容利用〕

栄養素が多く、浸透性が優れているほか、エモリエント作用、鎮静作用、瘢痕形成作用と清涼作用がある。湿疹、乾癬、皮膚の痒み、ひび割れや乾燥した手、割れやすい爪、乾燥髪とコシがない髪の毛などに使用可能。

カスター油

学名

Ricinus *communis*

解説

カスター油の原料であるヒマシはトウダイグサ科で、インドまたはアフリカが原産と考えられています。いずれにしろ非常に早くから中近東、特に、エジプトとパレスチナで栽培がはじまり、エジプトでは「Kiki」、パレスチナでは「Kikayon」(qiqaion) と呼ばれてきました。また、ギアナでは「Palma Christi」、アンティール諸島では「Karapate」と呼ばれています。栽培がはじまったころから、抗眼炎作用を目的として点滴利用されていました。ヒマシはフランスでは単なる「観賞植物」ですが、熱帯地帯では樹高が10メートルを超え、幹の直径は50cmにもなります。種子から、やや黄緑色の酸敗の早い油が得られます。この油は一部の文献の記述内容と異なり、健康を害することはありません(しかし種子にはリシンとリシニンという非常に毒性の強い2つの物質がふくまれています)。

緩下作用を除き、カスター油は消化、代謝および免疫系(生体防御の強化)に作用します。アメリカのフェニックスのゲイリー(William-A Mac Garey)医師はカスター油を繰り返し使用することによって、改善が可能なすべての疾病をまとめた比較リストを25年前から公表しています(下記「適応症」を参照)。

また、カスター油のがんに対する作用を研究したソロミド（Jean Solomidès）医師の業績も無論忘れてはいけません。同医師は、カスター油には抗がん・殺菌作用のある生化学分子がふくまれていると述べています。エドガー・ケイシー（Edgar Cayce）は腹部疾患を和らげるため、また、青あざ、血腫、捻挫などの外傷性障害によるさまざまな痛みを克服するために、カスター油を温湿布につけて貼ることを奨励しています。耳炎の場合には、温めたカスター油を1滴耳にたらすとよいでしょう。

ヨウ素価は82〜90で、非乾性に区分されます。酸敗が早いので注意が必要です。遮光瓶に入れて、暗所で保管し、最長でも6ヶ月間の保管にとどめましょう。

カスター油のおもな成分構成

ポリ不飽和脂肪酸類	リノール酸	2.5〜7%
	リノレン酸	1%未満
モノ不飽和脂肪酸類	リシノール酸	85〜92%
	オレイン酸	2.5〜6%
	ガドレイン酸	1%未満
飽和脂肪酸類	ステアリン酸	2.5%
	パルミチン酸	2%
	ヒドロキシステアリン酸	0.3〜0.7%

〔作用・特性〕

鎮痛作用、抗菌作用、抗炎症作用、抗有糸分裂作用、抗ウイルス作用、緩下作用、瀉下作用、腸通過の調節

〔適応症〕

盲腸、耳鳴り、関節痛、捻挫、皮膚コンジローム、胃腸炎、不眠症、真菌症、耳炎、多発性関節炎、花粉症、硬化症、胃潰瘍、線状皮膚萎縮、いぼ、下剤（食中毒、腸内炎症、下痢、赤痢、消化器官系の軽度の炎症、腸内閉塞、腹膜炎などの場合）

〔美容利用〕

クレオパトラがメイク落としとして使用していたと伝えられているように、古代より知られていたこの植物油は、美容面でも健康面でも驚くべき効能があります。リシノール酸を90%ふくんでおり、美容ケアでは次のような効用があります。

・爪を強く硬くする
・まつげと頭髪の成長を早める。頭髪に塗り、数分間マッサージしたあとホットタオルで覆い、少なくとも1時間、可能なら一晩そのまま放置する
・パーマや脱色により傷んだり、乾燥した毛髪を再生、保湿する
・潤滑作用や瘢痕形成作用により皮膚疾患を和らげる
・手のシミの消失をうながす
・顔や目のメイクを落とす

カメリーナ油

学名
Camelina *sativa*

解説

19 世紀末までフランスで栽培されていたカメリーナは徐々に減少し、より収益性の高い採油植物にとってかわられました。そんななか、生化学者だったマックスミリアオ・ビュトスが長期におよぶ研究の結果、この植物には α-リノレン酸とリノール酸が豊富にふくまれていることを発見し、栽培を再開しました。

ドイツの生化学者だったヨハンナ・ブドゥイグ（1908-2003）と、スイスの医師だったキャサリン・クースミン（1904-1992、クースミン療法の提唱者）は、カメリーナ油の組成がフラックスシード油に近いことから、さまざまながんや変性疾患を抱える人に使用を推奨しており、フラックスシード油の代わりに使われることもありました（推奨していた当時のフランスではフラックスシード油は販売が禁止されていましたが、2008 年より条件付きで可能になりました）。

カメリーナ油はフラックスシード油と同じように酸敗が早いので、必ず冷蔵庫に保存して、開封後はできるだけ早く使い切りましょう。

カメリーナ油のおもな成分構成

ポリ不飽和脂肪酸類	リノール酸（ω6）	15 ～ 20%
	α-リノレン酸（ω3）	35 ～ 40%
モノ不飽和脂肪酸類	オレイン酸	12% ～ 25%
飽和脂肪酸類	――――	11%

ビタミン E: 7mg

〔作用・特性〕

抗炎症作用、心臓・循環器・神経・免疫系の保護

〔適応症〕

動脈硬化症、アレルギー、関節炎、便秘、知力の減退、ホルモン・心臓血管の障害、変性・神経・炎症疾患、乾癬、胃潰瘍

グレープシード油

学名
Vitis *vinifera*

解説

有機栽培された非加熱のぶどうの種子から、冷温一番搾りのドイツ産グレープシード油を製造できるようになったのは最近のことです。濃い緑色で非常に芳香性のある香りのこの油は、リノール酸の含有量が多く（68%）、極端に強い抗酸化濃縮液（OPC とプロシアニジン）で、抗フリーラジカル作用や細胞の老化対策には最適な油です。100ml または 250ml の小瓶で販売される希少な植物油で、高価なために気になる症状への対策としてのみ使用します。

グレープシード油のおもな成分構成

ポリ不飽和脂肪酸類	リノール酸（ω6）	68%
	α-リノレン酸（ω3）	1% 未満
モノ不飽和脂肪酸類	オレイン酸	20%
飽和脂肪酸類	パルミチン酸	5.5%
	ステアリン酸	4.7%

〔作用・特性〕

抗酸化作用、心臓血管系の保護

〔適応症〕

心筋梗塞、血液循環、血栓症、動脈硬化症、細胞老化

〔美容利用〕

肌の洗浄、再生作用、皮膚のアンチエイジング

ケシ油

学名

Papaver *somniferum*

解説

この油は栽培されたケシから作られます。小さな種子はアルカロイドをふくまず、アヘンを取り出す朔果（さくか）のなかで熟します。種子を圧搾して得られる油は流動性があり、色は明るく、風味は比較的中性で香りは少ないです。

非常に長いあいだフランス北部で消費されてきましたが、今日では衰退しています。しかし、ジ不飽和脂肪酸とトリ不飽和脂肪酸が豊富で、とても価値のある油です。その組成は、サンフラワー油に非常に似ています。このためケシ油は循環器系（胆汁泥の除去や脈管柔軟化作用）や心臓の疾患、さらにはがんなどのケアを補助する油として貴重なのです。しかし比較的脆弱な油で、高温が苦手です。

ケシ油のおもな成分構成

ポリ不飽和脂肪酸類	リノール酸	65%
	リノレン酸	2.5%
モノ不飽和脂肪酸類	オレイン酸	21%
	パルミトレイン酸	0.5%
飽和脂肪酸類	パルミチン酸	9%
	ステアリン酸	1%

〔作用・特性〕

抗アテローム作用、抗がん作用、心臓・血液系の保護

〔適応症〕

動脈硬化症、高コレステロール、動脈硬化、心臓と血液の障害

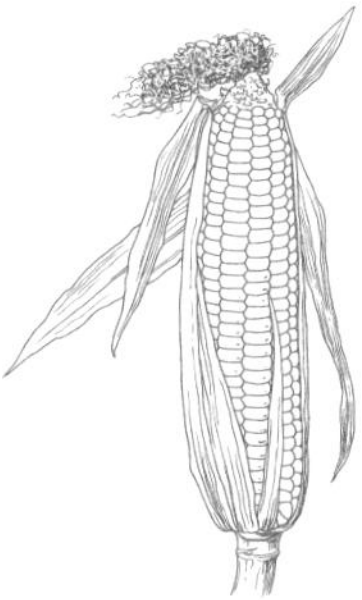

コーン油

学名
Zea *mays*

解説

トウモロコシは中央アメリカ原産のイネ科の植物で、種子胚芽から、やや粘性のある少し濃い色の油が得られます。この油は非常に酸化しやすいので、けっして温めてはいけません。味付け用としてのみ使用しましょう。コーン油の組成はサンフラワー油と非常に近く、高コレステリン血症や動脈硬化症のケアを補助する油として利用されることが多いです。湿疹など一部の皮膚疾患に対しても良好な成果をあげています。コーン油はビタミンＡとＥが豊富なため神経皮膚炎や小児の皮膚障害に非常に役立っています。

コーン油のおもな成分構成

ポリ不飽和脂肪酸類	リノール酸	40%
モノ不飽和脂肪酸類	オレイン酸	8%
	パルミトレイン酸	45%
飽和脂肪酸類	ステアリン酸	3%
	アラキジン酸	1%

〔作用・特性〕

抗アテローム作用、血中コレステロールの低下、抗皮膚疾患作用、神経系の調節

〔適応症〕

動脈硬化症、高コレステロール、皮膚疾患、湿疹、神経過敏、神経皮膚炎、精神障害

サフラワー油

学名
Carthamus *tinctorius*

解説

サフラワー（ベニバナ）は中近東原産で、マリアアザミに似ていて、サフランバタルやドイツサフランとも呼ばれます。種は10月に収穫し、冷温圧搾すると黄赤色で流動性のある油が得られます。この植物の花には２つの色素成分がふくまれていて、そのうちの１つは染料や塗料、化粧品材料として長いあいだ利用されてきたカーサミン（ベジタブル・レッド）です。サフラワー油は酸性度が比較的低く、また抗コレステリン血症作用があることから最良油の１つに区分されるべきでしょう（サンフラワー油よりもリノール酸を多くふくんでいます）。しかし、欧米ではその存在をほとんど知られておらず、料理では稀にしか利用されません。それでも肥満症や便秘、あるいはリウマチや麻痺に対する軟膏としての利用が推奨されています。

人体内では、胆汁分泌をうながし心臓血管系全体を保護します。一部の研究所ではサフラワーカプセルを商品化し、高コレステリン血症や動脈硬化症用としての使用を提案しています。また、ビタミンＥも比較的多くふくまれています。

サフラワー油のおもな成分構成

ポリ不飽和脂肪酸類	リノール酸	72%
	リノレン酸	1%
モノ不飽和脂肪酸類	オレイン酸	20%
	パルミトレイン酸	0.5%
飽和脂肪酸類	ステアリン酸、 リグノセリン酸、 アラキジン酸など	5%

〔作用・特性〕

血中コレステロールの低下、抗リウマチ作用、胆汁分泌を助長、緩下作用、心臓血管系の保護

〔適応症〕

動脈硬化症、関節炎、高コレステロール、便秘、心臓血管と肝臓の障害、肥満症、リウマチ

サンフラワー油

学名

Helianthus *annuus*

解説

サンフラワー油の原料となるヒマワリは、今日では採油のために広く栽培されています。ヒマワリの種からは、フルーティな風味をもつ白っぽい黄色のサンフラワー油が得られます。リノール酸が豊富なので特に内分泌や神経の調節作用があります。また、血中コレステロール濃度を低下させる作用や抗アテローム作用があることでも知られており、皮膚や粘膜をやわらかくしたりなめらかにしたりします。そしてビタミンEがふくまれているため、不妊、冷感、インポテンツにも適応します。

サンフラワー油のおもな成分構成

ポリ不飽和脂肪酸類	リノール酸	62%
モノ不飽和脂肪酸類	オレイン酸	25%
飽和脂肪酸類	パルミチン酸	7%
	ステアリン酸	2%
	アラキジン酸	0.2%

〔作用・特性〕

抗アテローム作用、血中コレステロール降下、腺分泌の調節作用、神経系の調節

〔適応症〕

動脈硬化症、高コレステロール、人体のさまざまな腺や神経の変調、糖尿病、不妊

〔美容利用〕

ビタミンEが豊富なサンフラワー油は滋養作用、柔軟作用、潤滑作用などがあるほか、粘性が低いためマッサージオイルとしても優れています。

シーバックソーン油

学名
Hippophae *rhamnoides*

解説

シーバックソーンはオレンジがかった赤色の多肉果をもっており、ロシア、中国、チベット、モンゴルに大量に生育しています。これらの地域の民間医療のなかで長いあいだ利用されている伝統的植物の1つです。収穫時期は地域や求める特性（ビタミンC、油量など）によって異なり、8～11月です。

この油は稀なことに、種子（12～16%）だけではなく果実（5～8.5%）にも油分がふくまれています。また、得られる油の特性は使用部位によって、次のように大きく異なっています。

〈果実油〉乾燥させた多肉果から、低温一番搾りあるいは圧搾果汁の遠心分離によって抽出します。流動性がありオレンジ色をしており、純度が高く安定しています（耐酸化）。溶媒抽出法により抽出されることもありますが、これは効率を優先した方法であり、当然本書では言及しません。カロチノイドの含有量が高いので（378mg／100g）強烈な色をしており、良好な紫外線防止作用があるほか、トコフェロールの含有量も高く（330mg／100g）、優れた抗酸化特性があります。また、ベータカロテンやパルミトレイン酸の含有量も多いことを考えると、化粧品に使用されることも納得です。とりわけ瘢痕形成作用、修復作用および組織の保護の特性が活かされます。

〈シード（種子）油〉 高温高圧抽出される場合が多いですが、本項では低温搾りの油だけを対象とします。このシード油はオレンジ色ですが、前項の果実油よりもより薄い色です（カロチノイドが少ないため）。しかし、果実油よりも不飽和脂肪酸類を多くふくんでおり、抗菌作用や上皮組織の再生作用があります。ステアリンの含有量が多いので脂質やコレステロールの代謝改善に効能があります。耐酸化が低い不安定な油なので、慎重に取り扱わねばなりません。

〈搾りかす（マール）油〉 以前は浸出抽出が行われていましたが、現在ではCO_2を使って抽出をしているので、本書では触れません。

〈コンプリート油〉 これは搾りかす油の「天然版」です。シーバックソーンの多肉果を冷温搾りし、果肉、種子そして実を集めて、すべてを冷凍します。コンプリート油は、この搾りかすから抽出されるのです。果実油とシード油の両方の特性を持っているため、非常に有益な油です。数多くの特性があり、とくに照射（紫外線、放射線治療など）のケースでは皮膚の保護に非常に有効です。ほとんど知られていないため、イタリアのトスカナ地方のみで作られています。

どのような種類の油であれ、また野生か有機栽培かにも関わりなく、必ず冷温一番搾りで純度100%であることを確認しましょう。品質が劣る変異油が多く存在するからです。中国、ロシアそしてモンゴルでは、シーバックソーン油の作用はずっと以前から知られており、長く使用されてきました。インド、東側諸国、カナダ、米国、チリそしてヨーロッパでも定期的に多くの効能が明らかにされ、実践面でも成果をあげた結果、これらの国々では現在多くの研究の対象となっています。

シーバックソーン油の品質および果実にビタミンC（100g当たり１ｇ）とＥが多くふくまれているため、多くの植栽が行われています。栽培地域、収穫時期そして利用する植物の部位（果実、種子またはコンプリート）に応じて、構成成分の含有量に非常に大きな差が生じる場合があります。

シーバックソーン油のおもな成分構成

		果実油	シード油	コンプリート油
ポリ不飽和脂肪酸類	リノール酸（ω6）	1.7%	31.5%	13.2%
	α-リノレン酸（ω3）	5.3%	34%	14.8%
モノ不飽和脂肪酸類	パルミトレイン酸	35%	2%	20.8%
	オレイン酸	24.5%	22.5%	24.7%
飽和脂肪酸類	パルミチン酸	32.4%	8%	23.5%
	ステアリン酸	0.7%	2.6%	1.8%
	ミリスチン酸	0.3%	0.1%	0.1%
	アラキドン酸	——	0.4%	0.3%

〔作用・特性〕

抗炎症作用、抗菌作用、麻酔作用、抗感染作用、抗微生物作用、消毒作用、抗酸化作用、解熱作用、免疫刺激、血圧降下作用、血中コレステロール降下、血液循環の活性化、血栓除去、腫瘍拡大の抑制、放射線治療やさまざまな照射作用から皮膚を保護

〔適応症〕

アフタ、歯肉炎、気管炎、消化器官の疾患、心臓血管の問題、糖尿病、がん、クローン病、ひび割れ、火傷、日焼け、瘢痕形成、線状皮膚萎縮、床ずれ、あかぎれ、打撲傷、斑状出血、しもやけ、膿瘍、水泡、皮膚病、老化シミ、膿痂疹、紅斑性狼瘡、色素形成障害、ニキビ、湿疹、白斑、フルンケル、粘膜（生殖器、痔核）疾患、カンジダ・アルビカンス、乳児のおむつかぶれ

〔美容利用〕

瘢痕形成、エモリエント作用、柔軟作用、保湿・鎮静・潤滑作用、滋養作用、再生作用、紫外線防止などが期待できる。

シーバックソーンの果実油は、スキンケアに使用すればすばらしい効果が期待できます。皮膚組織に作用するため、私たちが化粧品に求めるすべての条件やそれ以上の力を備えているといえるのです。若い肌や老いた肌を問わずあらゆる肌がこの恵みを受けることができます。また、肌が敏感、疲労、乾燥していて水分不足なとき、ニキビ性、赤斑や吹き出物ができやすくなっているときや、太陽光を受けて傷んでいるときにも使うことができます。この油を定期的に塗ると、シワの発生や皮膚の老化も遅らせることができます。

シーバックソーンの果実油は皮膚に完全に吸収されるので、肌はやわらかく弾力性を保ち、「脂っぽさ」は残りません。また、この植物油のオレンジ色の色素は自然に皮膚に吸収される性質がありますが、ほかの植物油で希釈すると、この色を消すこともできます。果実油は3～4の紫外線保護指数を持ち、抗酸化作用と再生作用を提供しつつ日焼けの防止に効果的に作用します。

この植物油は皮膚の不調や粘膜の不調（喉痛や気管炎）などの場合、内用できるほか、純液や希釈液を塗ることによって外用としても利用できます。ただし、皮膚や粘膜に係わるあらゆる問題や美容ケアについては、つねに果実油またはコンプリート油（手に入れることができればですが）を使用しましょう。内用の場合、1日3回、食事前に10～20滴服用します。

シーバックソーン油の滋養作用を得るには、オリーブ油やサンフラワー油あるいはレイプシード油と混ぜ合わせてさまざまな生野菜やサラダに使用するとよいでしょう。

スィートアーモンド油

学名
Prunus *amygdalus*

解説

アーモンドはアジア原産で、1,000年以上前から栽培が始まり中世からは地中海周辺全域に見られるようになりました。食用できるのは甘仁種(スィートアーモンド)だけです。苦仁種(ビターアーモンド)は有毒なシアン化水素酸を大量にふくんでいるため、十数個食べると重度の障害を招く恐れがあり、その倍を食べると死につながります。スィートアーモンドを圧搾すると、薄色でなめらかな、非常にスィートな味のアーモンドオイルが採れます。

飽和脂肪酸類の含有量が少なく、さまざまな効用があるのが特徴です。内服すると刺激のない緩下剤のようであり、消化器官のあらゆる炎症を抑え、尿結石を消失させるのを助けます。そして、頑固な咳をなくし、気管支粘液を排出しやすくさせます。肝臓の充血を改善し、豊富にふくまれるビタミンEはインポテンツと不妊に作用します。また、マッサージに使用すると、皮膚のかゆみ、軽い炎症、あかぎれそして掻痒症を避けることができるなど、すべての皮膚疾患に有効です。圧搾されたスィートアーモンド油は精製されたものとは異なり、皮膚を乾燥させず、やわらかくします。この植物油に対して唯一不満な点はその価格が高いことで、利用の妨げとなっていて残念です。しかし、駆虫作用があるので、できるだけ頻繁に子どもに使用するべきです。ビタミンEのほか、ビタミンA、D（微量）もふくんでいます。

スィートアーモンド油のおもな成分構成

ポリ不飽和脂肪酸類	リノール酸	16%
	リノレン酸	0.5%
モノ不飽和脂肪酸類	オレイン酸	75%
	パルミトレイン酸	0.5%
飽和脂肪酸類	ステアリン酸	5%

〔作用・特性〕

鎮痛作用、抗貧血作用、抗結石作用、抗炎症作用、不妊症対策、去痰作用、緩下作用、駆虫作用、神経系のバランス回復作用

〔適応症〕

腎結石、気管支炎、カタル、便秘、湿疹、インポテンツ、不妊、空咳、胃潰瘍、神経障害

〔美容利用〕

スィートアーモンド油をマッサージに使用すると、皮膚のかゆみ、軽い炎症、あかぎれおよび掻痒症を鎮めます。軟化作用、保湿作用があり、肌を強くし皮膚疾患、軽い火傷さらには炎症を治します。フケを追い出し、また、朝晩に時間をかけてマッサージすると線状皮膚萎縮に対しても効果的です。赤ん坊の肌や、非常に乾燥している敏感肌に弾力を与えるので、体や顔の手入れにおすすめです。

セサミ油

学名
Sesamum *indicum*

解説

ゴマはインド原産の、高さが１ｍを超える草本植物です。さやのなかにある種子（１つのさやに200個以上）は、分別後に圧搾され、淡くやさしい色の非常に繊細な味の油が得られます。

東洋の国々では常用されており、のちにヨーロッパでも愛用されるようになりました。ゴマの種は生野菜にまぶしたり、炒った実をつぶして塩を加えゴマ塩にしたり、ゴマピューレにハチミツと小麦粉を混ぜてハルワという菓子にしたり、ペースト状にして食べることができます。セサミ油は毎日の料理で使用したり、本書で紹介しているほかの植物油と交替で利用したりできるほか、心臓血管（油脂分の蓄積を回避）、神経および脳系に対してすばらしい保護効用をもっています。また、セサミ油は外部の有害作用から皮膚を守ります。ウィートジャーム油、ピーナッツ油、オリーブ油、ヘーゼルナッツ油そしてサフラワー油と同じように、セサミ油にはビタミンＥがふくまれているので抗酸化作用があります。

セサミ油のおもな成分構成

ポリ不飽和脂肪酸類	リノール酸	43%
	リノレン酸	0.5%
モノ不飽和脂肪酸類	オレイン酸	42%
飽和脂肪酸類	パルミチン酸	8%
	ステアリン酸	4%
	アラキジン酸	1%

〔作用・特性〕

抗アテローム作用、抗感染作用、神経系と脳系の保護

〔適応症〕

動脈硬化症、高コレステロール、ミネラル不足、うつ病、精神的な疲労、記憶障害

〔美容利用〕

非常に浸透性が高く、表皮を再生し、肌をやわらかくします。紫外線から皮膚を守り、表皮の落屑《らくせつ》やさまざまな軽度の炎症に有効に作用し、爪や頭髪に活力を与えます。

ソヤ油

学名
Glycine *max*

解説

ソヤ（ダイズ）はマメ科植物に属します。原産は中国で、古くから栽培されていました。一方で、フランスの土壌に非常に適しているため、今日では南西部で15,000ヘクタール以上の土地で栽培されています。ダイズはインゲンマメに似ており非常に栄養価の高いマメなので、食べ過ぎに注意が必要です。野菜団子、豆腐、大豆パンなど多くの食品の製造に使われます。採油マメからは、低い粘性の、少し色が濃く強い風味の油が得られます。

ヨーロッパでは、ソヤ油はあまり知られておらず流通量も少ないのですが、ビタミンA、D、E、並びにリノール酸とレシチンを豊富にふくんでいます（脂肪代謝、高血圧、皮膚疾患に効用あり）。さらに心臓血管における脂質の蓄積を溶かし、神経において髄鞘の再構成をうながすため、脳障害に効用があります。

ソヤ油のおもな成分構成

ポリ不飽和脂肪酸類	リノール酸	50%
	リノレン酸	5%
モノ不飽和脂肪酸類	オレイン酸	30%

飽和脂肪酸類	パルミチン酸	8%
	ステアリン酸	2%
	アラキジン酸	1%

〔作用・特性〕

抗アテローム作用、不妊症対策、血中コレステロール降下、神経系と脳系の保護、ミネラル補給作用

〔適応症〕

動脈硬化症、高コレステロール、皮膚疾患、糖尿病、高血圧、インポテンツ、神経過敏、心臓血管と脳のトラブル

タマヌ油

学名

Calophyllum *inophyllum*

解説

タマヌは高さが20 mにも達するオトギリソウ科の樹木です。多くの国々で、聖なる木としてあつかわれています。仁は、卵型の果実のなかにある木質殻の内部にあり、熟すと油で満たされます。

タマヌの仁、または堅果をシンプルに冷温圧搾すると油が抽出されます。緑がかった若干暗い黄色で、香りはウォールナッツ油に似ていますが、より甘い香りがする油です。ヨウ素価は99 ～ 108で半乾性油に区分され、比較的保存がききます。抗炎症力が高いことで知られ、外用では毛細管をよく保護します。スキンケアでは赤鼻や線状皮膚萎縮に有効で、フェイシャルケアでは再生油としてシワに作用します。また、リウマチや痛風に非常に有効であるほか、循環器系のトラブルにも有用ですが、唯一の欠点はその価格です。

タマヌ油のおもな成分構成

ポリ不飽和脂肪酸類	リノール酸	35 ～ 40%
	ガドレイン酸	0.5 ～ 1%
モノ不飽和脂肪酸類	オレイン酸	35 ～ 40%

	パルミトレイン酸	0.5 ～ 1%
飽和脂肪酸類	ステアリン酸	8 ～ 12%
	パルミチン酸	12 ～ 15%
	アラキジン酸	0.5 ～ 1%

〔作用・特性〕

抗リウマチ作用、抗フリーラジカル作用、抗炎症作用、循環器系の保護

〔適応症〕

リウマチ、痛風、潰瘍、疥癬、赤痢、静脈をはじめとした循環器系の問題

〔美容利用〕

再生作用や潤滑作用、さらには太陽光からの保護作用があり、スキンケアでは赤鼻や線状皮膚萎縮に働きかけます。フェイスケアではシワへの作用のほか、乾燥肌、活力喪失肌、脱水肌に使用します。

チリ産ローズヒップ油

学名
Rosa *mosqueta* または *rubiginosa*

解説

ローズヒップはヨーロッパのホーソン（セイヨウサンザシ）に似ており、ローズヒップが実るドッグローズはアメリカ大陸、特にチリやアンデス山脈で野生生育しています。この果実は非常に多くのビタミンCをふくみ、果実の種から抽出された植物油はとても有益な成分をふくんでいます。80％のポリ不飽和脂肪酸は44％のリノール酸と36％の α-リノレン酸からなる、通常は魚の油にある脂肪酸です。これら２つの酸は細胞再生や細胞膜のやわらかさを保つためには必須です。

原因不明のまま、瘢痕部や火傷部が大きく改善された症例があり、その後、研究者たちはビタミンAが極度に活性化した形態のトランスレチノール酸（またはレチノール、ビタミンA酸）がそこに存在することを明らかにしました。この酸は皮膚のトラブル（ニキビなど）に対して皮膚科で頻繁に使用されていますが、重度のアレルギーや炎症の原因となるので慎重な扱いが求められています。しかし天然錯体のローズヒップ油のなかで、この酸はネガティブな面がなく有効に作用していると思われます。ローズヒップ油は多くの美容製品とは異なり、皮膚の欠点を表面的に消し去るのではなく、深く作用し皮膚にとって欠かせない成分を与えてくれます。

チリ産ローズヒップ油のおもな成分構成

ポリ不飽和脂肪酸類	リノール酸	44%
	リノレン酸	36%

モノ不飽和脂肪酸類	オレイン酸	15.9%
飽和脂肪酸類	パルミチン酸	3.2%
	ステアリン酸	0.8%

〔美容利用〕

この油は非常に多くの肌トラブルに対応し、多くの効果が得られます。たとえば傷跡（偶発的な火傷、外科手術の跡、傷跡の肥大）、過度の色素沈着、退縮、シワ、早年性老化肌、老化シミ、乾燥・活力喪失・脱水した肌、線状皮膚萎縮、日焼け、ニキビ、赤鼻、湿疹、乾癬、床ずれ、放射線治療やコバルトテラピー処置後の皮膚組織の変質などに有効です。浸透性がよいため、日常のスキンケアにディクリームやナイトクリームとして、顔やハンドマッサージに使用することによって、肌を再生しながら若さややわらかさを与えます。

パンプキンシード油

学名
Cucurbita *pepo*

解説

カボチャやペポカボチャの種子から得られる油で、流動性があり比較的濃い黄緑色です。消化管に対して非常に良好な鎮静作用があります。また、心臓、筋肉、神経、脈管に対して刺激、強壮、頑健作用があります。パンプキンシード油はアフタや一部の粘膜変質（唇裂）、腸の変調および前立腺炎に対して有効に作用します。これらの効用のほか、虫歯予防作用があるのですが、厳密な研究がないにもかかわらず、多くの利用者がこの作用を認めています。実際、多くのケースを考察した結果、パンプキンシード油には歯の変性疾患プロセスを阻止する力があることが確認されています。

さらに、子供に回虫（寄生虫）がいる場合、朝晩食事前にパンプキンシード油を小さじ１杯飲ませ、これを21日間続けると、回虫は駆除されます。必要ならこれを繰り返します。

パンプキンシード油にふさわしい利用方法はまだ模索段階で、サンフラワー油やサフラワー油と半分に希釈してサラダや生野菜に使うなど、研究が進むことが望まれます。

パンプキンシード油のおもな成分構成

ポリ不飽和脂肪酸類	リノール酸	45%
	リノレン酸	0.7%
モノ不飽和脂肪酸類	オレイン酸	34%
飽和脂肪酸類	パルミチン酸	7%
	ステアリン酸	4%

〔**作用・特性**〕

虫歯予防、抗寄生虫作用、消化管瘢痕形成作用、緩下作用、ミネラル補給作用、心臓・神経・血管系の刺激作用、強壮作用、駆虫作用、頑健作用

〔**適応症**〕

アフタ、虫歯、高コレステロール、前立腺肥大、全身疲労、腸内寄生虫、心臓・腸・筋肉・神経・血管のトラブル

ピーナッツ油

学名
Arachis *hypogaea*

解説

ピーナッツ油の原料であるラッカセイは南米が原産で、地中にすこし潜ったところにさやがなります。各さやには２、３個あるいは４個の実が入っています。今日ではインド、中国、米国そしてアフリカなどで栽培されているこの採油植物は、ダイズ、レンズ豆、インゲンと同様、マメ科に属しています。ラッカセイを冷温圧搾すると、非常に果実風味のある油が得られます（油が採れることが知られるようになったのは植民地化以降)。色は地域により白みがかった褐色から黄色と多様です。

この植物油は消化管の鎮静作用があり、胃潰瘍や腸潰瘍の消失を助けます。ビタミンＡとＥの含有量から、不妊症対策の補助剤であることを示しています。ピーナッツ油は血中コレステロール降下作用もありますが、サフラワー油やケシ油そしてサンフラワー油の作用ほど大きなものではありません。外用としては火傷に有効です。ピーナッツ油にはビタミンＡとＥがふくまれています。

ピーナッツ油のおもな成分構成

ポリ不飽和脂肪酸類	リノール酸	20%
	アラキドン酸	3%
モノ不飽和脂肪酸類	オレイン酸	50%
飽和脂肪酸類	パルミチン酸	9%
	リグノセリン酸	3%
	ステアリン酸	3%

〔作用・特性〕

鎮痛作用、血中コレステロール降下、不妊症対策、抗潰瘍作用

〔適応症〕

高コレステロール、不感症、インポテンツ、消化管の炎症、胃潰瘍、十二指腸潰瘍

ブラックカラントシード油

学名
Ribes *nigrum*

解説

ブラックカラントシード油にはビタミンEが豊富にふくまれているというだけでなく、デルタ6デサチュラーゼ酵素に依存しないリノール酸（ω 6）、ステアリドン酸（ω 3）の2つの必須脂肪酸がふくまれており、大変貴重です。このことが判明しているのは今日ではこのブラックカラントシード油だけです。

高齢者や病人、あるいはストレスを抱えている人はデルタ6デサチュラーゼ酵素の分泌が減少するため、オメガ-3の代謝が阻止されています。このような人たちにとって、ブラックカラントシード油には理想的な効用があります。また、動物系の食品の摂取を望まず、魚油にも頼らずに「みずからの」オメガ-3を見つけようとしている人にとっても、この油は最適です。

ブラックカラントシード油のおもな成分構成

ポリ不飽和脂肪酸類	リノール酸（ω 6）	39 ～ 49%
	γ-リノレン酸	14 ～ 17%
	ステアリドン酸	2.5 ～ 4.5%
	α-リノレン酸	11 ～ 15%
モノ不飽和脂肪酸類	オレイン酸	10 ～ 14%
	ガドレイン酸	0.1 ～ 1.5%
飽和脂肪酸類	パルミチン酸	6 ～ 9%
	ステアリン酸	1 ～ 2.5%

〔作用・特性〕

抗炎症作用、抗フリーラジカル作用、アンチエイジング作用、鎮静作用、神経系・ホルモン系の保護

〔美容利用〕

　保湿、滋養作用、抗シワ、皮膚の老化、乾燥肌・シワ肌・早年性老化肌に対してすばらしい外用油。

ブラッククミンシード油

学名
Nigella *sativa*

解説

キンポウゲ科のブラッククミンには多くの名前があり、最も知られている「エジプトブラッククミン」のほか、「スパイス草」、「カトル・エピス（4つのスパイスを混ぜたような香りがすることから）」、「ビーナスの髪」などがあり、サンスクリット語では「カロンジ（kalinji）」と呼ばれます。

この芳香植物は小アジア原産で、現在では多くの国々（インド、中近東等）で栽培されていますが、最も有名なのがエジプト産です。種子は黒色でケシの種子に似ており、芳香、滋養、健康、美容面で効果を期待できます。そのままで、あるいは粉にしたり油に加工されて古代より利用されていました。アメリカの研究者によって、免疫系を調節するという非常に興味深い効能が明らかにされています。ブラッククミンシード油の効用範囲は非常に広く、だれでも利用して効果をあげることができます。昼と夜の食事前に小さじ1／2～1杯をそのまま飲むか、あるいは調味油とブレンドして使用しましょう。ブラッククミンシード油には100を超える有効成分（鉄、リン、酵素、カロテン、ビタミンEなど）がふくまれており、たとえば以下のような成分があります。

・ニゲリン：苦味成分で胃腸系の刺激作用がある

・ニゲロン：抗ヒスタミン作用に似た作用があるため、気管支拡張（喘息や百日咳）やアレルギーの場合も使用できる

ブラッククミンシード油のおもな成分構成

ポリ不飽和脂肪酸類	リノール酸（ω6）	50～60%
	α-リノレン酸（ω3）	0.2%
モノ不飽和脂肪酸類	オレイン酸	18～25%
	パルミトレイン酸	10～15%
飽和脂肪酸類	ステアリン酸	3～4%
	パルミチン酸	0.1%
	アラキジン酸	1.3%
	ミリスチン酸	0.5%

〔作用・特性〕

消毒作用、抗炎症作用、抗真菌症作用、抗微生物作用、天然抗生作用、消化促進作用、血糖降下作用、抗コレステリン血症作用、肝臓保護作用、血圧の調節、免疫刺激、心臓血管系の保護、脳・血管・肺への酸素吸入

〔適応症〕

喘息、ニキビ、アレルギー、鼓腸（腹部の張り）、気管支炎、百日咳、糖尿病、湿疹、うつ病、関節痛、不眠症、免疫防御の減退、全身疲労、ヘルペス、フルンケル、流行性感冒、皮膚疾患、更年期障害、真菌症、糖尿病、乾癬、心臓血管の問題、消化障害、風邪

花粉アレルギーをはじめとしたアレルギーの問題については、年初より対策を開始し、１日に２度、小さじ１／２～１杯を数ヶ月飲み続けます。

〔美容利用〕

潤滑作用、鎮静、柔軟作用、瘢痕形成作用、保湿、活力回復、皮膚の引き締め作用などがあります。皮膚にとってはすばらしい植物油で、肌をやわらかくしたり、組織を再生します。フェイスケア用に美容油として単独で使用してもよいですし、ほかの植物油に加えることもできます。各自の肌のタイプに合った精油を数滴加えることもできます。

傷んだ髪、艶のない髪あるいは乾燥髪にも有効で、髪の活力を回復し、やわらかく、強くします。傷んだ爪に対してはブラッククミンシード油を定期的に塗りこみましょう。また、日焼けをうながし、小さなでき物や血腫などの悩ましい多くの皮膚のトラブルに対処します。

フラックスシード油

学名

Linum *usitatissimum*

解説

フラックスシード油はフランスでは販売が禁止されていましたが、2010年より、条件付きで販売が許可されました。リノレン酸が豊富にふくまれていることから一部の栄養学者は推奨しています。がん、変性疾患、炎症性疾患、特に多発性硬化症のケースでヨハンナ・バドウィグ医師とキャサリン・クースミン医師が使用して成功を収めたことから、有名なBudwig Cream（バドウィグ・クリーム）の材料になっています。フラックスシード油はスイスで購入可能ですが、けっして温めてはいけません。冷蔵庫に保管し、開封後は早く消費してください。非常に早く酸敗してしまうので、かつてはフラックスシード油とウォールナッツ油をブレンドした油が常用されていました。ヨウ素価は180～195で、乾性に区分されます。

フラックスシード油のおもな成分構成

ポリ不飽和脂肪酸類	リノール酸（ω6）	18～28%
	α-リノレン酸（ω3）	45～58%
モノ不飽和脂肪酸類	オレイン酸	18～22%
	ガドレイン酸	0.6%未満
	パルミトレイン酸	0.5%未満
飽和脂肪酸類	ステアリン酸	3～6%
	パルミチン酸	4～7%
	ミリスチン酸	0.2%未満
	アラキジン酸	0.5%未満

〔**作用・特性**〕

ホルモン系の調節、免疫防護の刺激

〔**適応症**〕

動脈硬化症、関節炎、便秘、糖尿病、結石症、多発性硬化症、肝臓・ホルモン・皮膚（乾癬）の障害、胃潰瘍

ヘーゼルナッツ油

学名

Corylus *avellana*

解説

ヘーゼルナッツは脂質の含有率が最も高い採油果実です。しかしこのような特性があるにもかかわらず、ヘーゼルナッツ油に出会うことは稀で、自然食品店の商品棚でさえ見かけません。低温圧搾で得られるヘーゼルナッツ油は流動性が高く、美しい琥珀色で芳ばしい香りを放ちます。しかし、簡単に酸敗してしまいます。そのことが市場に出回っていない原因かもしれません。

ヘーゼルナッツは油でなくても、ペースト状のものでも料理に最適です。ヘーゼルナッツ油には（モノ不飽和ですが）多量の必須脂肪酸と一定数のビタミン（A、E）がふくまれています。

ヘーゼルナッツ油のおもな成分構成

ポリ不飽和脂肪酸類	リノール酸	6%
モノ不飽和脂肪酸類	オレイン酸	86%
飽和脂肪酸類	ステアリン酸	2%
	パルミチン酸	1%
	ミリスチン酸	1%

〔作用・特性〕

駆虫作用、抗貧血作用、抗結石作用、不妊症対策、血圧降下作用、駆虫作用

〔適応症〕

貧血、鉄欠乏性貧血、病後の静養期、成長期の子供、不感症、高血圧症、インポテンツ、結石症、条虫類

ペリラ油

学名
Perilla *frutescens*

解説

ペリラは東アジア原産の、ミントやタイムあるいはバジルのようなシソ科の芳香草本植物です。ペリラの葉は数世紀前から多くの料理で香辛料として利用されてきたほか、伝統的な医療においてハーブティーとして使われたり、精油として利用されています。

ペリラの種を冷温圧搾（12%の収量）することによってすばらしい黄金色の油が得られます。α-リノレン酸が驚くほど含有されており（現時点では最大量）、心臓血管、アレルギー、炎症や免疫異常などの疾患について重要な働きをします。

ペリラ油のおもな成分構成

ポリ不飽和脂肪酸類	α-リノレン酸（ω3）	60 ～ 65%
	リノール酸（ω6）	12 ～ 13%
モノ不飽和脂肪酸類	オレイン酸	20%
飽和脂肪酸類	パルミチン酸	6%
	ステアリン酸	2%

〔作用・特性〕

血中コレステロール降下、抗炎症作用、抗イボ作用、心臓血管系と免疫系の保護

※ 訳者注：日本では「紫蘇《しそ》油」「荏胡麻《えごま》油」の名で販売されていることが多い。

〔適応症〕

喘息、あらゆる種類のアレルギー、関節炎、心臓血管疾患、慢性気管支炎、うつ病、湿疹、不眠症、子供の活動亢進、変性疾患（アルツハイマー病、多発性硬化症、パーキンソン病など）、花粉症、リウマチ、記憶障害、イボ

　ペリラ精油とペリラ植物油のシナジー（相乗）作用によって最大の効用が得られます。特にうつ症状に対してはすばらしい成果を挙げることができます。

〔美容利用〕

保湿、柔軟作用、鎮静作用、修復作用、滋養作用

ヘンプシード油

学名

Canabis *sativa*

解説

長いあいだ見捨てられていたヘンプですが、今日ではその栽培が復活。さまざまな産業分野（繊維、住宅、製紙やダンボール、化粧品、食品）でのヘンプの利用研究がはじまっています。ヘンプシード油を食品として摂取すれば、滋養作用を期待できるのと同時に、美容や健康にも効能があります。

ヘンプの実には黄緑色の油が30～40％ふくまれ、ポリ不飽和脂肪酸類が非常に豊富（76％）なことから、血中コレステロールの調整に非常に有効です。

ヘンプシード油は酸化が早いため冷蔵庫で保存しましょう。また、温めずに冷温で使用することをおすすめします。食事前にそのまま小さじ1/2杯、または1杯を飲んだり、サラダや生野菜の調味料として、ほかの油（オリーブ油、サンフラワー油、セサミ油、レイプシード油など）と混ぜ合わせて利用しましょう。

ヘンプシード油のおもな成分構成

ポリ不飽和脂肪酸類	リノール酸（$\omega 6$）	56.8%
	γ-リノレン酸（$\omega 6$）	3%

ポリ不飽和脂肪酸類	α-リノレン酸（ω3）	16.7%
	ステアリドン酸（ω3）	0.4%
モノ不飽和脂肪酸類	オレイン酸	12.3%
	パルミトレイン酸	0.1%
	ヘプタデカン酸	0.1% 未満
	ガドレイン酸	0.4%
	ネルボン酸	0.1% 未満
	エルカ酸	0.1% 未満
飽和脂肪酸類	パルミチン酸	6.1%
	ステアリン酸	2.1%
	ミリスチン酸	0.1% 未満
	マルガリン酸	0.1% 未満
	ベヘン酸	0.3%
	リグノセリン酸	0.1%
	アラキジン酸	0.8%

〔作用・特性〕

抗炎症作用、抗感染作用、血中コレステロール降下、心臓血管系の保護、皮膚障害

〔適応症〕

高コレステロール、心臓血管・神経・精神の疾患、免疫疾患、ストレス、精神的疲労、湿疹、浮腫、関節炎、男性不妊

〔美容利用〕

保湿、柔軟作用、再生作用、活力回復作用があり、特に乾燥肌、シワ肌、疲労肌、脱水肌に効果がある。

ホホバ油

学名
Simmondsia *chinensis*

解説

ホホバの木は、一般的には「ワイルドヘーゼルナッツ」や「ヤギの草（Buisson à biques）」あるいは「コーヒーの木」と呼ばれています。アメリカ南部の砂漠（アリゾナやメキシコ）に生育しており、根が地中深さ30ｍまで伸びるため、砂質土を固定し、微量な湿分を集水することで12～18ヶ月続くかんばつに耐えることができます。野生のホホバの木からは１～２klの採油種子が採れ、常温で液体ワックスのホホバ油を抽出できます。

インディアンは数世紀前から、この油の持つ回復、美容（皮膚と毛髪）、収入源（ろうそく作り、皮革物の艶出し）、栄養摂取（炒るとコーヒーに似た味の飲料が得られる）などの効用を生活のなかで活用していました。また、20数年前にホホバ油がマッコウクジラ（絶滅危惧動物）の頭蓋のなかにあるロウの代用品あるいはそれ以上のものであることが発見され、さまざまな分野で利用されるようになりました（自動車の潤滑油、皮革産業、医薬品、化粧品など）。

ホホバ油のおもな成分構成

ポリ不飽和脂肪酸類	リノール酸	0.1%
モノ不飽和脂肪酸類	エルカ酸	13.6%
	アスクレピン酸	1.1%
	パルミトレイン酸	0.3%
	ゴンド酸	71.3%
飽和脂肪酸類	パルミチン酸	1.2%
	アラキジン酸	0,1%
	ステアリン酸	0.1%
	ベヘン酸	0.2%
	ネルボン酸	1.3%

〔美容利用〕

ホホバ油は不鹸化物を豊富にふくんでいるので、美容の分野においてすばらしい効用とアンチエイジング効果をもたらします。毛髪に対しては皮脂の生成を正常に保ち、髪の油脂分を整える一方、乾いて傷んだ髪に活力を与えるという２つの作用があります。いずれの場合もホホバ油により髪の輝きややわらかさが改善され、美しさを取り戻して抜け毛が抑制されます。

皮膚の保湿、活力回復、シワ予防、柔軟作用、潤滑作用、組織の再生など多くの効用があります。ホホバ油はエラスチンの代謝を活性化させ、細胞内の水分喪失を抑制するので、脱水し非常に乾燥した肌に対して理想的な油とされています。また肌のやわらかさ、弾力性そして若々しさを保つためのすばらしいアンチエイジングケア剤として認められています。ホホバ油の組成は皮脂に近いため、皮脂膜を強化し、脂性肌の皮脂の生成を調節します。ニキビができた部分に使用すると特に有効です。また、ホホバ油は保護指数５の天然のサンフィルターをふくみ、日光浴のとき日焼けから保護してくれます。お風呂上がりやワックス脱毛のあとに、また、乾性肌か脂性肌かを問わずヘアーパック、またアイメイク落としに、デイリークリームやナイトクリームとしてあらゆるタイプの肌にホホバ油を原液で使用できます。

ボリジ油

学名

Borago *officinalis*

解説

イブニングプリムローズより知名度はだいぶ劣りますが、ボリジ油はタイプ1のプロスタグランジン（PGE1）の生成に重要な γ-リノレン酸が非常に豊富です。特にコレステロールやトリグリセリドの調節物質として、循環器系ではイブニングプリムローズ油よりも効果が期待できます。多発性硬化症、インポテンツ、糖尿病などにも有効です。残念なことはこの高品質な油の臨床調査がまだ非常に少ないということです。

ボリジ油のおもな成分構成

ポリ不飽和脂肪酸類	リノール酸	36%
	γ-リノレン酸	22%
モノ不飽和脂肪酸類	オレイン酸	18%
飽和脂肪酸類	パルミチン酸	15%
	ステアリン酸	4%

〔作用・特性〕

抗血栓形成作用、ホルモン系・神経系の調節、免疫防御の刺激

〔適応症〕

アルコール依存症、関節炎、高コレステロール、抜け毛、糖尿病、子供の活動亢進、高血圧、インポテンツ、マストース、多発性硬化症、老化現象、月経前症候群（PMS）、心臓血管・皮膚・神経障害

〔美容利用〕

ボリジ油はポリ不飽和脂肪酸類とビタミンA、D、E、Kがとりわけ豊富です。皮膚の再生力が非常に高く、特に乾燥肌やシワ、生気のない肌や疲れた肌に対して柔軟性や弾力性、ハリをもたらします。

マカダミアナッツ油（堅果の抽出油）

学名

Macadamia *integrifolia*

解説

オーストラリア原産であるマカダミアナッツの堅果から抽出されるマカダミアナッツ油の特性は、スィートアーモンド油に非常によく似ています。細胞の保護成分であるパルミトレイン酸がとても豊富で、滋養、柔軟、保湿、鎮静、潤滑などの作用があり、敏感肌や、線状皮膚萎縮、傷跡の手当て、毛髪や手のケア（あかぎれ、ひび割れ）におすすめです。さらに太陽光からの保護や皮膚の保湿にも有効です。経皮吸収が非常によく、べたつきがないので、化粧品業界はミンク油の代用品として注目しはじめています。小さな動物に無駄な苦痛を与えないためにも、この代用品が普及することを願ってます。スィートアーモンドとのちがいは、マカダミアナッツ油は劣化することなく非常に長期間保存できることです。

マカダミアナッツ油のおもな成分構成

ポリ不飽和脂肪酸類	リノール酸	2.4%
モノ不飽和脂肪酸類	オレイン酸	46.2%
	アスクレピン酸	4.6%
	パルミトレイン酸	29.3%
	ゴンド酸	1.7%
飽和脂肪酸類	パルミチン酸	9.0%
	アラキジン酸	2.0%
	ステアリン酸	3.8%

〔作用・特性〕

マッサージに使用することで毛細循環を容易にします。リンパ系に対しては優れた強壮作用があります。

レイプシード油

学名
Brassica *napus*

解説

キャベツと近縁種であるレイプシードはアブラナ科で、４個の花弁を持つ草本植物です。果実または長角果のなかにある実を圧搾すると、明黄色で特徴的な香気を放つ半乾性の油が得られます。多くの文献は不可能だと主張していますが、冷温一番搾りのレイプシード油を取得することは可能です。この油は数世紀前から使用されており、エルカ酸を豊富にふくんでいるため、消費者にさまざまな障害（特に心臓系）をもたらすことがあるとされています。障害には成長変質、心臓障害（心筋炎）、消化・肝臓障害などがあげられます。より厳密にいうと、エルカ酸は心臓において脂肪物質の蓄積を促進させます。

今日ではレイプシードのヴァージンオイルが調理用に販売されていますが、これはプレミア・レイプシードという新しい品種で、エルカ酸の含有率が５％以下と非常に低く抑えられている製品です。この油をベースに新しい研究調査がおこなわれ、心筋炎のリスクが著しく減少したことが明らかになりました。リノール酸が多くふくまれていることにより、レイプシード油は動脈壁の保護体となるのです。また、重要な抗血栓形成作用があることもわかりました。しかし、このような高い割合でリノール酸がふくまれていることは、レイプシード油が非常に酸化しやすく、調理には不向きであることを示しています。

レイプシード油のおもな成分構成

ポリ不飽和脂肪酸類	リノール酸	56%
	リノレン酸	8%
	アラキドン酸	0.7%
モノ不飽和脂肪酸類	オレイン酸	21%
	エルカ酸	5%
	パルミトレイン酸	0.5%
飽和脂肪酸類	パルミチン酸	7%
	ステアリン酸	1%

〔作用・特性〕

血中コレステロール降下、抗酸化作用、心臓血管系の保護

〔適応症〕

動脈硬化症、高コレステロール、トリグリセリド（中性脂肪の一種）、アルツハイマー病の予防

そのほかの植物油

余談ですが、いま植物油はブームです。人々は、新しく発見されたものは過去のものよりさらによいものだと思うもので、新しい製品を常に欲します。このブームはそれを顕著に示しているといえるでしょう。植物油ブームにおいても、いままで目を向けられていなかった油が新製品として登場しています。したがって、私たちも新製品を急いでリストアップし、より完璧なものとするために本書に加えることにしました。

対象となる植物油の大部分は見つけるのが難しく、また高価な場合が多いのですが、どれも美容品や食品補助剤に数滴加えるだけの植物油なのです。また、現在の健康・調理・美容の分野おいて、優れた効能を発揮することをすでに証明済みの植物油がたくさん存在していることを忘れてはいけません。そして、それらが冷温一番搾りのオーガニック油かどうか、つねに確認するように注意してください。

カメリア油

学名
Camellia *japonica*

美しいカメリア（ツバキ）の花は、日本では１月に開花し、堅果からは日本女性が好む繊細で貴重なカメリア油を抽出することができます。カメリア油には、保湿作用、潤滑作用、滋養作用など、多くの効用があります。顔や首に塗布すれば、組織再生のためのナイトオイルとなります。また、乾燥し活力を喪失した毛髪や、割れて弱くなった爪などにも使用できます。

ミルクシスル油

学名

Silybum *marianum*

健康にとって非常に有益なシリマリン分子がふくまれているということを除き、この油についての情報はまだ少ないのが現状です。シリマリンは肝臓細胞を再生し、肝臓に有利に働く作用があります。この成分は、フリーラジカルを中和しながら体を保護し、体全体と皮膚のアンチエイジング機能があるとされるほか、毒物や毒薬の作用から身体を守るとされています。

〔適応症〕

変性疾患、老化、肝臓虚弱、肝炎やそのほかの肝臓の障害、被毒

オプンティアの種の油

学名

Opuntia *ficus indica*

オプンティアの種は、地中海周辺地域に大量に生育するウチワサボテンに由来しています。実から抽出する油は収量が少ないために高価ですが、肌の再生と保湿に驚くべき効能があります。シワや小ジワを消しながら、肌をやわらかくなめらかにします。瘢痕を薄くするのにも効果的です。浸出によって得られるバーバリ油は特性が劣るので、オプンティアの種の油と混同しないように注意が必要です。

ペカンナッツ油

学名

Caryocar *nuciferum*

ペカンはクルミ科に属しており、その高さは50 mに達します。原産地は米国ですが、広範囲に生育しており、メキシコ、オーストラリアおよび北アフリカでも見られます。ペカンナッツには70%の油がふくまれ、色は黄金色です。ポリ不飽和脂肪酸類が豊富で、ビタミンE（24mg/100g）とBおよび亜鉛もふくまれています。この油は多くの採油果実油と同様、加熱してはいけません。調味料として使用しましょう。

ペカンナッツ油のおもな成分構成

ポリ不飽和脂肪酸類	39.1%
モノ不飽和脂肪酸類	51.6%
飽和脂肪酸類	9.3%

※ ポリ不飽和脂肪酸類のうち、リノール酸は38.0%

ラズベリーシード油

学名

Rubus *idaeus*

繊細な香りで鮮やかな黄色のこの油を得るには、まずラズベリーの果肉を取り除き、種子を取り出して乾燥させます。その後、乾燥種子を粉砕して粉末状にします。この粉末を圧搾したあとに濾すと、ラズベリーシード油が採れるのです。ほとんどの場合、美容ケアで使用しますが、ほかの植物油やケアクリームに数滴加えても利用できます。

パインシード油

学名

Pinus *pinea*

中世時代の医者は、結核や呼吸器系の疾病への処方としてパイン（松）の実とその油を使用していました。この油の風味は繊細でやさしく、色は明るい黄色で、地中海周辺や米国、中国および韓国で栽培されています。また、マツの種類に応じて油の特性は若干異なりますが、リノール酸と α-リノレン酸およびビタミンE（13mg/100g）とビタミンB、さらにはリンと鉄はマツの種類にかかわらず、つねにふくまれています。毎日小さじ１～２杯を服用するとよいでしょう。

パインシード油のおもな成分構成

ポリ不飽和脂肪酸類	60.4%
モノ不飽和脂肪酸類	30.4%
飽和脂肪酸類	9.2%

※ ポリ不飽和脂肪酸類のうち、リノール酸は 59.9%

〔作用・特性〕

呼吸器系の疾患、慢性咳、喘息、潰瘍、神経疲労

ピスタチオ油

学名

Pistacia *vera*

アジア原産のピスタチオはウルシ科に属し、おもに地中海地域や米国で栽培されています。果実からきれいな深緑色の油が得られ、不飽和脂肪酸類の

割合が高いのが特徴です（およそ90%）。美容面でいうと、保湿、滋養作用、潤滑作用および柔軟作用があります。マッサージには最適です。

ピスタチオ油のおもな成分構成

ポリ不飽和脂肪酸類	33.5%
モノ不飽和脂肪酸類	53.8%
飽和脂肪酸類	12.7%

※ポリ不飽和脂肪酸類のうち、リノール酸は32.7%

シシンブリウム油

学名
Sisymbrium *irio*

シシンブリウムはアジア由来で、果実にある種子から油が得られます。皮膚疾患に有効なため珍重されています。フランスで再発見されたのは比較的最近のことです。肌に対して潤滑作用と柔軟作用があり、肌の再生効果に期待ができるため、とりわけ美容分野で利用されています。ボディマッサージオイルやフェイスマッサージオイルにブレンドするとよいでしょう。ギリシアやローマ時代の貴婦人たちは美容オイルとして、当時から使用していました。脂性、ニキビ、黒ニキビなどの皮膚に対して非常に有効です。

また、シシンブリウム油には歌手たちのあいだでよく知られている特別な特徴があります。それは声を維持・回復する作用です。声帯やのどにかかわるあらゆる悩みに対して、この油は有効なのです。１日に何度かデコルテ全体をマッサージし、１日２回、小さじ１／２～１杯を飲用します。

シシンブリウム油のおもな成分構成

ポリ不飽和脂肪酸類	リノール酸（ω 6）	16%
	α-リノレン酸（ω 3）	36%

〔作用・特性〕

皮膚の引き締め、再生作用、シワ防止、皮膚の美化、保湿、潤滑作用、柔軟作用、肌の洗浄

Chapitre 9

第9章

Recettes de cuisine

料理のレシピ

◆フレーバーオイル

植物油とハーブや香辛料などをブレンドして、食用のフレーバーオイルを作りましょう。フレーバーオイルはサラダをよりおいしくさせるだけではなく、植物やスパイスの薬効特性が植物油の作用や特性、味覚特性と融合して、すばらしい香りと風味を生み出します。

ケーパー入り植物油

〔材料〕

ケーパー 100g

オリーブ油 500ml

スライスしたニンニク 2かけ分

〔作り方〕

広口の瓶を用意し、煮沸消毒をしたあと十分に乾燥させる。この瓶にオリーブ油を入れ、ケーパーとニンニクを浸けてフタをし、冷暗所または冷蔵庫に21日間おく。ケーパーの水気をよくふき取って作ること。瓶のなかにも水気が残らないようによく乾燥させる。水気が残っていると傷みやすい。

エストラゴン入り植物油

〔材料〕

ニンニク 1かけ

フレッシュエストラゴン 1束

オリーブ油 500ml

〔作り方〕

広口の瓶を用意し、煮沸消毒をしたあと十分に乾燥させる。この瓶にオリーブ油を入れ、エストラゴンとニンニクを浸ける。油からハーブなどが出ないようにしっかり浸けこむ。入れ終わったらフタをし、冷暗所または冷蔵庫に３週間おく。水洗いしたニンニクとエストラゴンは水気をよくふき取ること。瓶のなかにも水気が残らないように乾燥させる。水気が残っていると傷みやすい。

このレシピはバジル入り植物油、シブレット（アサツキ）入り植物油、プロヴァンス・ハーブ入り植物油などにも応用可能。

ピリ辛オイル

〔材料〕

スライスしたニンニク　５かけ分
エルブ・ド・プロヴァンス　１束
粉末ペッパー　小さじ１
粉末パプリカ　小さじ１
オリーブ油　500ml

〔作り方〕

広口の瓶を用意し、煮沸消毒をしたあと、十分に乾燥させる。この瓶にオリーブ油とハーブ類を入れ、油からハーブなどが出ないようにしっかり浸けこむ。入れ終わったらフタをし、冷暗所または冷蔵庫に３週間おく。ピザやパスタなどに使用する。

トリュフ入り植物油

〔材料〕

トリュフ　1個

オリーブ油　1L

〔作り方〕

トリュフを細かく刻み、オリーブ油におよそ1ヶ月浸ける。緑菜サラダや生野菜サラダの味付け用に使用する。

◆サラダドレッシングと調味料

ハーブ入りシトロネット

〔材料〕

好みの植物油　大さじ4

レモン汁、またはリンゴ酢　大さじ1

溜まり醤油　小さじ2

パセリ　大さじ1

シブレット（アサツキ）大さじ1

スライスしたニンニク　2かけ分

〔作り方〕

パセリとシブレットを千切りにして、すべての材料を混ぜ合わせ、グリーンサラダなどに使用する。

プロヴァンス風シトロネット

〔材料〕

オリーブ油入りシトロネット（レモン汁とオリーブ油を混ぜたもの）少量

トマト　２個

ニンニク　２かけ

フレッシュバジル 大さじ１

エシャロット　２個

〔作り方〕

トマト、ニンニク、エシャロット、バジルをミキサーにかけたあと、容器に移しシトロネットを加えよく混ぜる。

冷製パスタやミックスサラダと合わせると、とてもおいしい。

ウォールナッツソース

〔材料〕

サンフラワー油 大さじ２

ウォールナッツ油 大さじ２

レモン汁 大さじ１

溜まり醤油 小さじ２

クルミ 100g

〔作り方〕

クルミを細切りにして、すべての材料を混ぜ合わせる。ニンニク風味のクルトンとチコリのサラダに合う。

ゴマ風味レムラードソース

〔材料〕

サフラワー油 大さじ2

セサミ油 大さじ2

リンゴ酢 大さじ1

レモン風味マスタード 小さじ1

ゴマペースト 小さじ2

ゴマ塩 小さじ2

麦芽酵母 大さじ1

〔作り方〕

マスタード、酵母、ゴマ塩、リンゴ酢を混ぜ、ゴマペーストを溶かす。次に、なめらかなソースになるまで、ゆっくりと油を加えていく。レムラードソースを作るには、ゴマペーストの代わりにアーモンドやピーナッツ、あるいはヘーゼルナッツバターを使ってもよい。好みでおろしたニンニクとみじん切りにしたパセリをソースに加えてもよい。

※ ナッツ類のバターやピュレは私たちの体にとって非常に有益です。非精製植物油と同じように不飽和脂肪酸類からなる脂質を多くふくんでいます。また、ミネラル（カルシウム、リン、マグネシウム、カリウムなど）、ビタミンおよびタンパク質が豊富（20%まで含む）でプリン体はわずかです。

卵なしマヨネーズ

〔材料〕

好みの油 大さじ4

アーモンドバター 大さじ1

レモン風味マスタード 小さじ1

レモン汁 大さじ1

非精製塩 1つまみ

〔作り方〕

アーモンドバターにレモン風味マスタード、レモン汁、非精製塩を加えて混ぜる。そこに植物油をできるだけゆっくりと加えていく。分離してしまう場合には、レモン汁を数滴加えるとマヨネーズ状に戻る。

アヨリ（ニンニク入りマヨネーズソース）

〔材料〕

オリーブ油 大さじ4

レモン汁 小さじ1

アーモンドバター 小さじ2

レモン風味マスタード 小さじ1

茹でたジャガイモ 1個

ニンニク 4かけ

〔作り方〕

ニンニクと茹でたジャガイモを一緒につぶす。そこにレモン風味マスタードとアーモンドバターを加えて混ぜる。なめらかになったらオリーブ油を数滴ずつ加えてソースの粘り気を高めていく。最後にレモン汁を加える。

タプナード（アンチョビペースト）

〔材料〕

オリーブ油、ゴマ油、ケシ油のいずれか 大さじ4
黒オリーブ 150g
ケーパー 大さじ3
粉末プロヴァンスハーブ 大さじ2
パセリ 大さじ1
ニンニク 1かけ

〔作り方〕

種をとった黒オリーブ、ケーパー、パセリ、ニンニクをミキサーにかけ、植物油とプロヴァンスハーブを加える。よく混ぜたあと、冷暗所に保存する。全粒粉パンに塗ったり、サラダドレッシングに大さじ1杯加えて風味を増すこともできる。

◆オイル漬け

調味料として使用するだけではなく、油は安全な自然の保存材料にもなります。そして使用した油をさまざまなサラダや生野菜の風味付けに使えば、独特な味わいを楽しむことができます。いくつかのレシピを以下に紹介しますが、好みに応じてアレンジしてみるとよいでしょう。

アーティチョークのオリーブ油漬け

〔材料〕

アーティチョーク（小粒）12個

オリーブ油 500ml

ローリエの葉 数枚

密閉用ゴムつき 750ml の容器1つ

〔作り方〕

アーティチョークを蒸し煮にして、葉と繊毛を落とす。ローリエの葉をあいだにはさみながらアーティチョークの芯を容器に入れ、オリーブ油を加えてフタをする。1～2カ月後からおいしく食べることができる。保存容器の煮沸消毒をしたあと、十分に乾燥させる。冷暗所で6カ月間（冷蔵庫で1年間）保存できる。植物は水気をよくふき取ること。瓶のなかにも水気が残らないように乾燥させる。水気が残っていると傷みやすい。

レモンのオリーブ油漬け

〔材料〕

レモン（小粒）10個

オリーブ油 1L

クローブ 数粒

密閉用ゴムつき 1.5L の容器1つ

〔作り方〕
レモンに5～6粒のクローブを刺して容器に入れる。オリーブ油を加えてフタをする。2カ月後からおいしく食べることができる。保存容器の煮沸消毒をしたあと、十分に乾燥させる。冷暗所で6カ月間（冷蔵庫で1年間）保存できる。植物は水気をよくふき取ること。瓶のなかにも水気が残らないように乾燥させる。水気が残っていると傷みやすい。

きのこのオリーブ油漬け

〔材料〕

きのこ（小さなもの）250g
オリーブ油 750ml
クミンの実 数個
ローリエの葉 数枚
密閉用ゴムつき 750ml の容器1つ

〔作り方〕
きのこをレモン水で洗って蒸したあとに、ローリエの葉をあいだにはさみながら、クミンの実と一緒にきのこを容器に入れる。オリーブ油を加えてフタをする。2カ月後からおいしく食べることができる。保存容器の煮沸消毒をしたあと、十分に乾燥させる。冷暗所で6カ月間（冷蔵庫で1年間）保存できる。植物は水気をよくふき取ること。瓶のなかにも水気が残らないように乾燥させる。水気が残っていると傷みやすい。

チーズのオリーブ油漬け

〔材料〕

好みの植物油 約250ml

ヤギのチーズ（小さいもの） 5～6個

粉末プロヴァンスハーブ（タイム、ローズマリー、フェンネル、マジョラムなど）

密閉用ゴムつき250mlの容器1つ

〔作り方〕

チーズを容器に入れて粉末プロヴァンスハーブを加える。チーズが覆われるまで容器に植物油を注ぎ、フタをする。1カ月後からおいしく食べることができる。保存容器の煮沸消毒をしたあと、十分に乾燥させる。冷暗所で6カ月間（冷蔵庫で1年間）保存できる。植物は水気をよくふき取ること。瓶のなかにも水気が残らないように乾燥させる。水気が残っていると傷みやすい。

◆パイ、パン

オリーブ油は、ケーキなどのさまざまなお菓子作りにおいて、バターやマーガリンの代わりに使用することができます。

オリーブ油入りパイ生地（約1枚分）

〔材料〕

オリーブ油 100ml

豆乳またはアーモンド乳 100ml

非精製塩 1つまみ

小麦粉（半粒粉または全粒粉）250g

〔作り方〕
サラダボールにオリーブ油、乳、非精製塩を入れ小麦粉を加えて、適当な硬さになり、やわらかでなめらかになるまで手でこねる。この生地はパイ、トゥルト（肉パイ）、キッシュなど、甘味や塩味を問わずに使用できる。

アプリコットパイ

〔材料〕
パイ生地 1枚分
半切アプリコット 十数個
ローストしたスライスアーモンド 60g
りんごジュース 100ml
寒天 適量

〔作り方〕
軽く油を塗ったパイ型に生地を練りこみ、半切アプリコットをきれいに並べる。180℃のオーブンで30分間焼く。焼きあがったら、りんごジュースで溶かした寒天をアプリコットに塗る。もう一度オーブンで5分間焼いて、スライスアーモンドを上に散らす。

パン・デピス（スパイス入りパン）

〔材料〕

小麦粉（半粒粉または全粒粉）250g

ハチミツ 250g

オリーブ油 50ml

アニス 小さじ1

すり下ろしたオレンジの皮 1個分

重曹 小さじ1／2

非精製塩 1つまみ

シナモン 1つまみ

〔作り方〕

アニスに熱湯120mlを加えて、10分間蒸したあとにサラダボールに流しこむ。オリーブ油とハチミツを加えてよく混ぜる。次に、小麦粉、すり下ろしたオレンジの皮、重曹 、塩、シナモンを加える。生地がなめらかになったら、軽く油を塗ったケーキ型に流しこみ、180℃に温めておいたオーブンに入れて50分から1時間焼く。焼きあがったら型から外す。1ヶ月ほどの長期保存が可能。

購入先リスト

アロマ・フランス株式会社
大阪府高槻市天神町1丁目8-23 マンション宝2F
Tel：072-685-8931
HP: http://aromafrance.net/
E-mail：argile@aromafrance.net

【オンラインショップ】
http://aromafrance.shop-pro.jp/

グリーンフラスコ
【自由が丘店】
東京都世田谷区奥沢5-41-12 ソフィアビル1F
Tel：03-5483-7565　Fax：03-5483-7566
E-mail：shop@greenflask.com
営業時間：11:00 ～ 20:00
定休日：水曜（祝日は営業・正月休みあり）

【オンラインショップ】
http://shop.greenflask.com/

【通信販売】
Tel：03-5729-1660　Fax：03-5729-1661
受付時間：10:00 ～ 18:00
定休日：土・日曜・祝日

参考文献

Bardeau Fabrice : Rester jeune, Stock
Binet Léon : Rester jeune , Hachette
Clergeaud Chantal : Votre beauté au naturel, Dangles
Darrigol Jean-Luc : Santé et beauté de vos cheveux, Dangles
Fritsch J. : Les huiles végétales, Desfroges
Geoffroy H.C : Le problème des corps gras, La Vie Claire
Guierre Georges : Alimentation et diététique dans la vie quotidienne, Le Courrier du Livre
Hanish : Huiles et graisses végétales, Unilever
Juillet A. : Les oléagineux, Lechevalier
Saury Alain : Huiles végétales d'alimentation, Dangles
Wander R. : Je veux vivre 100 ans, Fayard

総合索引　※細字はブレンドレシピ、料理レシピでの利用ページ

植物油学名索引 ※細字はブレンドレシピ、料理レシピでの利用ページ

〈著者略歴〉

シャンタル＆リオネル・クレルジョウ　Chantal et Lionel Clergeaud

ともにスイス連邦工科大学ローザンヌ校（EPFL）の建築・土木・環境工学部（ENAC）建築工学科を卒業。ナチュロパシー、オステオパシーおよび鍼療法をさまざまな機関で修業したのち、健康食品店を2店舗オープン。シャンタル・クレルジョウはヴェガン料理をテーマとした本を執筆（セビック出版）。ともに食事療法や自然療法、オーガニック化粧品について、数多くの雑誌や新聞に寄稿。講演のほか、料理・植物性タンパク質・子供・自然療法をテーマとした著作物を多数出版。1996～1999年に、グラス市の近くでヘルスセンター「プレン・ソレイユ」を経営。現在は執筆に専念している。

〈翻訳者略歴〉

前原ドミニック　Dominick Astruc-Maehara

セネガル生まれフランス育ち。18歳からヴィヴィ二博士のもとでフィトテラピーとクレイテラピーを学ぶ。来日後、日仏語翻訳・通訳をしながら、経絡療法ディプロムを取得し、野口整体を勉強し始める。1995年に日本で初めてのクレイテラピーの講座を、1999年にフランス式アロマテラピーの講座を開講する。2001年、アロマフランス株式会社を設立。現在、日本・フランスでクレイテラピーの教師として活躍。

美容と健康のための　植物オイル・ハンドブック

2012年10月19日　初版印刷
2012年10月25日　初版発行

著者　シャンタル＆リオネル・クレルジョウ（Chantal & Lionel Clergeaud）
翻訳者　前原ドミニック（Dominick Astruc-Maehara）
発行者　皆木和義
印刷・製本　東京リスマチック株式会社
本文デザイン　大塚千佳子（Katzen House）
編集協力　高田沙織（株式会社ドレミファ）
発行所　株式会社 東京堂出版
http://www.tokyodoshuppan.com/
〒101－0051　東京都千代田区神田神保町1－17
TEL 03-3223-3741　振替 00130-7-270

ISBN 978-4-490-20801-6　C 0077